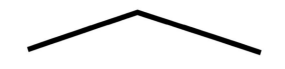

理想的家
住宅精细化设计

王恒 著

U0283922

江苏凤凰科学技术出版社 · 南京

图书在版编目（ＣＩＰ）数据

理想的家：住宅精细化设计／王恒著． －－ 南京：
江苏凤凰科学技术出版社，2022.6（2023.11重印）
ISBN 978－7－5713－2957－0

Ⅰ．①理… Ⅱ．①王… Ⅲ．①住宅－室内装饰设计
Ⅳ．①TU241

中国版本图书馆CIP数据核字(2022)第087712号

理想的家　　住宅精细化设计

著　　　者	王　恒	
项 目 策 划	凤凰空间／翟永梅	
责 任 编 辑	赵　研　刘屹立	
特 约 编 辑	翟永梅	

出 版 发 行	江苏凤凰科学技术出版社
出版社地址	南京市湖南路1号A楼，邮编：210009
出版社网址	http://www.pspress.cn
总 经 销	天津凤凰空间文化传媒有限公司
总经销网址	http://www.ifengspace.cn
印　　　刷	河北京平诚乾印刷有限公司

开　　　本	710 mm×1 000 mm　1／16
印　　　张	11
字　　　数	176 000
版　　　次	2022年6月第1版
印　　　次	2023年11月第3次印刷

标 准 书 号	ISBN 978－7－5713－2957－0
定　　　价	68.00元

图书如有印装质量问题，可随时向销售部调换（电话：022-87893668）。

"家"对于中国人来说是一辈子乃至几辈人的大事，"修身齐家"是中华文化的精髓。"家"不仅满足我们居住的基本需求，更是孝老爱亲、生儿育女、培育亲情、传承家风的基础，是中国人的精神寄托。

如果说钢筋水泥是我们家园的物理存在，那么设计装饰则是她的灵魂。千篇一律的提包入住、个性缺失的生硬装修，都是旧时代的遗迹，已不能满足现代人精神层面的追求。

王恒先生倾尽心血所著《理想的家　住宅精细化设计》一书，恰恰符合"吾屋即吾魂"的时代潮流，真正从主人的角度去理解"家"和"人"之间的最紧密的连接关系和最温暖的平衡点。书中将王恒先生亲自上阵的 13 个"家的故事"毫无保留地呈现在读者面前，唤起共鸣，引发思考。

在新冠肺炎疫情不断、世界格局风云变幻的时代，我们不用刻意评判时代的好或坏，人心决定未来，需求决定价值，对美好生活的追求是我们不变的初心。王恒先生把事业做成有理想、有温度的情怀，这本身就是价值无限的创举，希望吾辈不忘初心，再接再厉，造福千家万户。

IDG TechNetwork · 中国董事长　王健

新时代下，人们的生活方式、行为习惯在发生改变，伴随着"精装房"登上历史舞台，对于居住需求的矛盾也凸显出来。"千房一面"显然无法满足业主个性化的需求，于是催生出很多不同的精装房交付模式，定制设计也开始大行其道。

在"后精装时代"，住宅市场的需求从精装修向精细化设计过渡，那什么是精细化设计，它能给人们的生活带来怎样的改变，精细化设计用什么标准来衡量呢？设计师王恒凭借多年的设计经验，归纳总结出《理想的家　住宅精细化设计》一书，将具有代表性的 13 个案例，分别从功能空间、户型结构、客户多样化需求、功能与设计交互四个方面进行系统解读。书中内容对建筑、装饰行业在精装房领域的设计逻辑、施工流程、交付规范等在未来制定标准具有极大的参考意义。

居然之家执行总裁　王宁

像造汽车一样造房子，一直是我的梦想、妄想和理想，特别是设计师每每被"智能""装配式""疫情""低碳"等浪潮轮番冲击的时候。王恒用他的作品为我们诠释了：一个饱含情感的精细化住宅，才叫家！

美国《室内设计》中文版出品人　赵虎

在所有的建筑类别中，住宅被认为是历史最长的，它蕴含着前人积累至今的设计精髓。在普通住宅中被认为是"理所当然"的装置，都隐藏着"原来如此"的智慧与技术。而室内设计与装修，是在住宅的基础上，为生活"如行云流水般舒畅"做出的规划与实践。

然而，对于装修，人们却往往缺乏经验，缺乏对房屋细节的周全考量，于是在经年累月的日常中频繁消耗能量。

《理想的家　住宅精细化设计》一书，是作者王恒对多年住宅设计、室内设计实战经验的精华汇总与梳理。他立足当下居住升级的时代背景，呈现给读者从洞察需求、室内设计规划、方案落地到施工把控的室内设计全流程。从功能空间、户型结构到个性化需求，再到功能与设计的平衡交互，时代不同、习惯不同、空间需求各异，设计落地方案自然也呈现出差异。本书中通过具体案例，既介绍了项目背景、需求拆解，又阐明了整体设计思路，有方法论，有人情味，有对未来居所的构想，有落地实践的细节，深入浅出地呈现了室内设计的内涵与外延，相信一定可以为装修设计者、从业者们提供诸多灵感。此间况味，不妨您自己往后翻，慢慢体会。

**乐居控股副总裁、乐居家居总经理、
CCTV《品牌责任》栏目联合出品人　魏晓飞**

我们需要这些内容。

国际著名设计师　梁建国

精细化是住宅设计的发展趋势，更是一种生活态度。品质生活源于精细设计。

清华大学美术学院副院长　方晓风

改革开放 40 余年，中国家庭正在经历着从"居住"到"住居"的变迁

改革开放 40 多年来，中国家庭的生活条件飞速发展，用一代人的时间实现了以往四代人才会经历的居住环境的改善。

经济的富足和互联网的发展让中国家庭对于生活品质的追求超越了房子本身的物理属性，即从"居住"这一简单的动作转向了"住居"这一包含更多元含义的复合概念。特别是在当前，一、二线城市人均居住面积越来越小的趋势下，"住居"重点关注的是更加立体和复杂的系统性改善方案。

在追求新的住居品质的受众群体里，首当其冲的便是千万量级的新中产家庭。

新中产群体的崛起，正在引导整个家居市场的需求走向

过去几年，我和我的团队为超过 300 个新中产家庭提升了住居体验。这其中，有使用面积不足 30 m^2，却需求两室一厅的格局，同时要接外婆同住的老洋房业主；也有人均虽不足 15 m^2，但大人甘愿放弃使用客厅，将其改造成孩子游乐园的六口之家。

通过和这些业主的深入沟通，我们逐步地把握到这个群体的真实需求：他们并非是传统意义上追求极致性价比的群体，而是愿意为认可的价值买单，并接受一定的品牌溢价的全新消费客群。一线城市的高房价压缩了人的居住空间，但这类客群对于空间舒适度的追求、对于居家生活的美好向往却不会被压缩，他们反而愿意投入更多的成本在买房之外的住居场景中。就像我曾经说的一句玩笑话"千万富翁住在一百平方米的房子里"，这正是新中产群体的现实写照。

环顾整个市场，只有为数不多的企业的产品和服务能够匹配：2021 年初还有杭州业主敲锣打鼓欢迎日本物业进驻的新闻出现；物联网发展十余年，市面能提供成熟的智能家居可选方案的企业也仅有寥寥数家；我们的

前言

从『居住』到『住居』，建构新的设计闭环

某位客户不惜花大价格从日本进口整体浴室，只为它能够做到无缝，方便清洁。随着新生活方式的普及，类似的问题通过网络扩散，导致需求与供给越来越脱钩，仅仅只是从方案到装修设计的环节，在面对新中产客群的新想法、新需求时，很多设计公司都表现得越发力不从心。

设计，是以居住体验为导向，为每个家庭规划未来 15 年的住居策划方案

从方案到装修的设计，或者换个说法，"以设计为中心的设计"，是近些年比较时髦的说法。随着5G和社交网络的发展，室内设计有向"网红化"方向发展的态势，"爆改""神还原""INS风"等关键词备受关注，仿佛只要解决了视觉问题，一切都可以迎刃而解。实际上一所房子要考虑的是业主入住的 15 年间产生的大大小小问题的汇总，而视觉问题只占其中的极小一部分。

针对当前业主需求，我更倾向于"闭环设计"，即设计师在 2 ~ 3 个月的工作时间内，将设计能力作为工具，帮助客户规划未来 15 年的住居情境，并通过后续的配套服务实现闭环。这

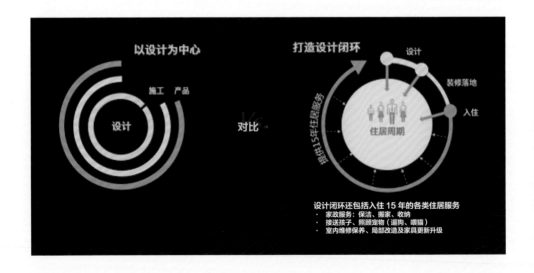

意味着对设计师来说，设计会有更高的标准，设计的主要工作内容也同样发生着变化。

打造设计闭环，是住居设计理念在执行层面的诠释

在进一步阐释设计闭环之前，大家可以先思考这个问题：我们为什么不能像汽车行业造车一样造一所房子呢？如果从设计到施工、从产品到服务都能够按照一套标准体系，紧密地对接到一起，那么像造车一样造房子就不再是幻想了。而现实是，和家相关的多个环节各自为政，行业水平参差不齐，行业标准不尽相同无法对接。

从设计出发，把控施工，开发产品，是提供给业主未来 15 年住居生活策划案的起点，也是客户在这 15 年的全居住周期内所有反馈的总结。上述便是我们的住居设计理念在执行层面上的诠释，也就是我说的设计闭环。为此，精细化设计的第一步，则是系统地收集客户需求，并反复与客户沟通探讨，以尽可能获得全面的信息，给出最优的可落地解决方案。

对未来设计的展望

数字时代，无限连接，设计的内涵与外延都将不断突破传统认知。

时代向前发展，居住空间的调整、社会服务体系的升级、生活形态和社交方式的改变、科技的发展、消费习惯的改变与物质供给的极大富足，都使得设计越来越复杂化和系统化并逐步超越传统认知。设计虽正在发生改变，但有两点我可以确认，它正在发生，也已经初现端倪：

（1）设计将具备产品化思维，以产品与技术为载体来实现；

（2）设计将打破传统的家的物理空间边界，与外部服务体系发生链接和交互。

作为一名设计师，我很荣幸能在这片有活力的大地上，参与到改变它的过程之中。

本书收录的 13 个案例，便是从以往我们服务的几百个案例中，挑选出的兼具参考性、创新性和普适性的方案，能够以点带面地分享精细化设计理念，希望最终能够通过设计引导改变生活，从而提高生活品质，打造每个人心中理想的家。

落地方案受限于诸多因素，无法面面俱到，若有不足之处，欢迎大家指正。

著者

2022 年 5 月

目录

第一部分

基于功能空间的精细化设计

案例 01

巢代项目

玄关无尘入户，应对疫情常态化形势

项目背景

2020年凛冬，突如其来的新冠肺炎疫情打破了新年来临之际应有的祥和氛围，千万打工人被困异乡。随着疫情形势日益严峻，国家大力倡导"居家隔离""居家办公"。家，成为了国民防疫最安全的一道防线。在这样的大环境冲击下，人们开始审视自己的居住环境，思考如何在疫情可能常态化的形势下让家更安全、更舒适，这也引发了设计师对今后室内设计的深度思考。

项目概况

地点：苏州　　面积：120 m²　　户型：三室一厅　　居住人口：5 人
收纳投影面积：31.76 m²

委托人需求摘录

◎房屋状态较好，但感觉水电位置不合理，需要设计师做改动。

◎家里需要做非常强大的收纳系统，每个人都拥有各自的收纳空间。

◎家里有小孩儿，重点关注健康问题，希望能做到无尘入户。

◎希望能有 Wi-Fi 全屋覆盖，尽量避免线路外露的情况。

◎由于孩子还小，希望设计师能关注孩子成长的需求。

◎喜欢暖灰色、木色，不喜欢花里胡哨、颜色太多太杂。

◎家具可以多用实木，尽量避免金属、皮革等材质。

◎喜欢柔和的光线，灯光不要太刺眼。

设计思路

作为经历过两次疫情的设计师，我们发现 20 年前和现在的生活方式有着极大的不同，带着对疫情下居住需求的洞察与思考，我们开始了全新的探索。

本案中方正的户型非常实用，每一处空间都可以利用起来，尤其是防疫的第一道关卡——玄关，无论设置洗手台还是快递投递箱，都可以有效地阻隔病菌，并通过这些设计改变家人的生活习惯。

▲ 极具特点的长方形户型，空间未来可变性强

设计空间 1　玄关

探索的第一步，从入门玄关开始。玄关是家居生活中重要的组成部分，有着非比寻常的作用，递送物品、更换衣物、接收外卖快递等都在此处进行。疫情之下，"无接触配送""无接触外卖"等新词语逐渐进入人们的视野。家居生活中，玄关更是成为了免接触、勤消洗的最佳场所，也是隔离病菌的第一道安全屏障。

活动空间动线合理与否，直接决定了居住者的幸福度，所以动线的规划非常重要。在入户玄关处就要做好动线的设计和安排，让居住者从外面回到家里后，不由自主地跟随这条动线，消毒—洗手—脱鞋—换衣，完成一系列的无尘入户动作，以最少的时间做最多的事，生活效率将得到很大提高。

设计细节 1　在入户处设置洗手台

新冠肺炎疫情发生以来，手部清洁一直是专家们强调的防疫重点。在洗手台放置几瓶杀菌洗手液，让一家人的健康更有保障。

本案中的玄关走廊宽敞明亮，木白两色的搭配使得清爽通透感扑面而来。在入户处设置洗手台，是传统家居设计中不常见的手法。而实际上，无论是对于有孩子的家庭还是如今特殊的防疫时期，进门消毒洗手都能够帮助我们养成非常良好的生活习惯。双台盆的设计是考虑到一家五口同时使用的情况，避免了洗手台不够用的"早高峰"现象，又比传统设计节省了空间。

▲ 入户做好清洗消毒工作，达到完成无尘入户的目的

设计细节 2　设计换鞋凳

更换衣物时你是否在"金鸡独立"？本案中设计师专门设计了换鞋凳，坐在此处完成一系列换衣帽动作，既便捷又为业主的人身安全提供了保障。换鞋凳根据业主及其家人身高，按人体工程学的要求设置，从细节出发，关注到每一个生活的小细节。

▲ 无尘入户洗手消毒区 + 换鞋凳组合设计，生活更安心

设计细节 3 在入户的设计中增加了快递箱和外卖恒温箱

疫情之下，很多人会在取完快递后在楼道内进行酒精消杀，但此种做法不仅会给周围邻居带来一定的安全隐患，也存在火灾等风险。为了自身和公众的安全，设计师在入户的玄关一侧墙壁处增加了快递箱和外卖恒温箱，柜体与外界相通，快递员能够直接将快递投进去，以此减少人与人面对面的接触。

▲ 快递箱与外卖恒温箱的组合设计，尽最大努力隔绝外界环境污染

同时，在柜体内部方便喷洒消毒液，以对快递盒进行杀菌处理，一举两得。通过这一设计，可以放心将已杀菌消毒的物品取回房间，在心理上也能减少诸多不安与焦虑。

通过这样的设计，在玄关处，一系列进门动作被串联起来，以最简洁高效的方式完成由室外到室内换装的过程，同时保持了室内空间的整洁。

房子就是空间内部对话的载体，也体现了个人与社会联结的关系。科技迅猛发展，我们必须紧跟时代所需，设计来源于生活，也将服务于生活。

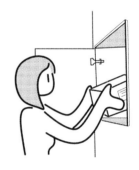

▲ 快递箱与外卖恒温箱设计巧思，细致到方方面面

🏠 设计空间 2 ▶ 综合功能生活区——厨房＋餐厅＋客厅

综合功能生活区包括了厨房、餐厅和客厅三个区域，将其组合在一起构成了一套完整的综合功能生活区。设计师将每个空间都仔细规划安排，将方正户型中的每一处都利用到极致，拒绝空间浪费。日常生活中，人们在综合功能生活区内活动较频繁，这是产生家人间亲密互动的重要区域。

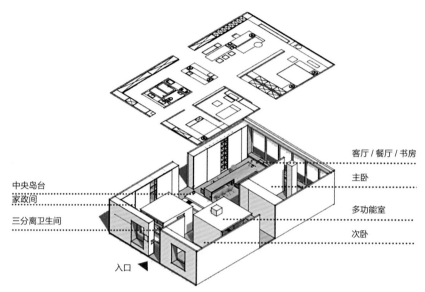

客厅 / 餐厅 / 书房

主卧

中央岛台
家政间

多功能室

三分离卫生间

次卧

入口 ◀

▲ 平面布置方案分区示意图

在居住空间中，动线明确清晰，可以节省很多重复行动的时间，由此可见动线规划的重要性。设计师为此做出了详细的平面规划设计，使家务动线和生活动线都更合理，让业主在家的每一分钟都不浪费。

家政动线

生活动线

▲ 室内动线规划平面图

开放式的综合功能生活区使人在下厨的过程中还可以与家人互动，如今这样的设计已经走进了千家万户，受到了众多业主的喜爱。设计注重人的感受，设计师希望业主在此下厨备菜时能通过设计和色调的搭配而心情愉悦，因而厨房区同样采用了木白色调，给人以温馨明亮之感。

▲ 通透开放的厨房操作区让下厨也能变得更有趣味

在这里下厨，视线可以和整个客厅、餐厅交互，一边烹饪一边与家人互动，其乐融融，让厨房不再是一个人的"战场"。

▲ 厨房全景，客厅内家人之间的互动一览无余

采用开放式厨房，无论是烹饪时还是进餐时，壁柜都提供了充足的储物空间，可以放置所需的电器、锅碗瓢盆，拿取方便。空间得到充分利用，厨房不再狭小逼仄，客厅更开阔。

▲ 客厅区域家人互动的有爱场景被镜头记录下来

地板温润、环保且软硬适中，小孩老人在此活动时可以起到缓冲的作用，降低老人和小孩摔伤的危险。

▲ 宽敞的活动空间，家人都可以在此活动

木质中央岛台、餐桌、书桌、沙发等置于同一空间，形成具有综合功能的生活区。中央岛台设置了移动装置，整个台体可以平移，既可以为家人增添共处的空间，又可以分隔出各自活动的小区域，设计灵活，操作简便、高效。

在客厅的常规设计中，三种不同功能的柜体是不会被集中设计在一起的，而本案设计却不走寻常路，将三者"合三为一"，在独立封闭和开放交流之间自由切换，更加具有灵活的变通性。为整个住宅空间构建强大的内在逻辑，给生活带来肉眼可见的实质变革。

随不同需求开放不同的空间区域，开放与隐蔽轻松切换。柜体上木制推拉门的开与合让空间在开放与私密之间无缝衔接，来实现用餐、娱乐、读书三种功能的自由转换——只需打开或者闭合拉门，60 m² 的空间瞬间变换成餐厅、娱乐室或是书房。

▲ 移动式岛台时尚便捷，厨具摆放一目了然

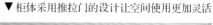

▼ 柜体采用推拉门的设计让空间使用更加灵活

夜幕降临，推动推拉门，餐橱柜区域和娱乐开放柜区域随推拉门的移动而关闭，书籍摆放区展现在眼前，客厅随之转换为书房，可供委托人专注办公。身后书架上的书籍及办公用品随取随用，高效便捷。

▲ 大面积的推拉门在不同需求下，营造出虚实相生的空间模式

通过构建综合功能生活区，将一家五口全部紧密联系在一起，构架起全家无障碍沟通的桥梁；在有限的空间内释放出更多的空间来满足一家五口的需求。

设计空间3 卫生间

卫生间内双面柜和浴缸的组合设计同样让人眼前一亮。两边打通的双面柜，在内、外取用物品都方便，又可以随时灵活应对补充物品等各种突发问题。

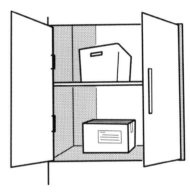

▲ 灵活的双面柜设计

坐便区和淋浴间分离的同时又双侧打通，方便在各种情况下使用。干湿分离的设计让卫生间区域使用起来更安全，不用担心滑倒。明亮的色调完全打消紧凑感，清爽之感扑面而来。

▲ 躺在浴缸里好好放松一下，缓解一整天的疲劳

设计空间 4　家政间

设计师通过不同长度的搁板分隔，为家政间规划出不同的空间，用于扫地机器人、拖把等的分类收纳，干净卫生。

▲ 充分利用家政间区域，空间规划整齐有序

洗烘一体机也可以安置在定制家政柜中，各种家政用具通通"隐藏"于此，家政间也能做到井井有条。

▲ 全家人的鞋子通通收纳在此处

这里也为鞋子收纳提供了充足的空间，柜体底部和顶部均有透气孔，便于柜体内部的换气通风，不用担心产生异味的问题。

▲ 巧妙设计，将洗烘一体机藏于柜中

设计空间5　主卧

在主卧，除了舒适的床品和强大的收纳空间，还为夫妻二人留有休憩娱乐空间。灯带的设计也是十分出彩的，无主灯的照明方式让室内氛围十分温馨和谐，没有刺眼的光源，营造更适宜的休息睡眠氛围。

▲ 无主灯设计深受业主喜爱

设计师打破常规的设计思路，采用"华容道"衣柜替代整个衣帽间，中间不需要常规衣帽间站人取物的空间，推拉柜门后即可拿到衣柜内的物品。

当主卧的作用不再单单是休憩时，设计师的巧思便显现了出来。设计师在主卧中规划出一片区域作为娱乐空间，夫妻二人在此下下棋、品品茶，生活也别有一番新滋味。

▲ 落地大衣柜让主卧收纳不再是头疼的问题

▲ 设置在私密空间的休憩区，开辟隐私小天地

设计空间6 　次卧＋多功能室

在设计中只有发现人的需求，并围绕其进行设计，强调人与人、人与物、人与空间、人与时间的微妙关系，才能实现设计的价值。本案中将次卧规划为儿童房，其与多功能室的合并设计，将最大程度上满足委托人对于孩子成长的需求。

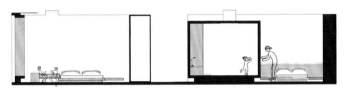

▲ 婴儿时期，次卧与多功能室开始发挥作用

婴儿时期，家人在隔壁房间照顾孩子，互通的两个空间，可以时时刻刻关注到婴儿的情况，给婴儿贴心的呵护。

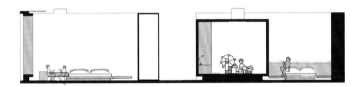

▲ 儿童时期，空间的作用开始改变

儿童时期，多功能室变成了娱乐室，玩具集中于此，不影响其他空间的使用，家里始终保持整洁的状态。

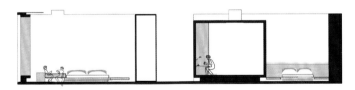

▲ 青少年时期，空间随着孩子的需求持续变化着

青少年时期，多功能房转换成书房，学习、娱乐都能在此进行，可以免受外部环境的干扰，给孩子一个安静的学习空间。

孩子与家长在多功能室内成长、玩耍、娱乐、学习，半开放式的设计将一个空间赋予多个时期所需的功能，孩子成长的各个时期都无需再重新进行空间划分，延长了空间的使用期限。

▲ 次卧加多功能室组合设计

⌂ 灯光系统

在灯光设计上摒除主灯照明，用无主灯替代传统吊灯、吸顶灯，房屋天花更加简洁，视觉感受层高更高。采用漫反射光源覆盖全屋，灯光更多从地面漫反射出来，减少直射光源，使光更加柔和，也不会忽亮忽暗，造成视觉疲劳。漫反射灯光下的环境与木作软硬装相结合，让居住空间更加宁静舒适。

▲ 全屋极简无主灯设计，光线更均匀

暖色调的走廊灯带给人以安心舒适之感，家居生活惬意十足。

▲ 走廊灯光与整体风格相协调

本项目是疫情大环境下对建筑空间做出的思考与设计。将人与人、人与物、人与空间、人与时间的思考融合进来，在健康安全的生活环境中感受细致入微的改变和设计的力量。

案例 02

西教场口项目

厨房的新发展，亲情互动区域

项目背景

在现今经济高速发展的大环境下，人们的物质生活以及精神追求同步迈入了更高的水平。厨房的作用早已不再是单纯的做菜洗碗那么简单，厨房的意义也被人们重新考量。在本案例中，厨房是家人尤为重视的空间，厨房设计得巧妙与否，直接决定着委托人生活品质的高低。符合委托人生活所需的设计才是适合的设计，这也是我不断思考的问题。

项目概况

地点：北京　　面积：56 m² 　　户型：三室一厅　　居住人口：6 人
收纳投影面积：24 m²

委托人需求摘录

◎存储空间要充足，私人物品尽量不要放置在公共区域，保证每个家庭成员（夫妻、孩子、老人）的物品都有相应的放置区域。

◎ 藏露比例最好控制在 8 ：2，客厅的书墙、玩具，孩子房间的书柜、橱柜等的设计要便于物品取放。

◎希望能有一个小展示区，展示孩子们的手工作品和奖品、全家人的合照等。

◎考虑今后的调整，如 5 年后，随着孩子长大，可能会一人一个房间。

◎客厅采光不好，希望能尽量借助主卧来采光。

◎喜欢日式风格，偏木系，不太喜欢金属反光材质、皮革材质等。

◎ 颜色喜欢自然一点的、偏暖色的，希望有颜色的跳跃（接受绿植多一些），比如白灰、米色、原木色、绿色、粉色（小孩儿喜欢）等。

设计思路

原本的厨房杂乱无章，物品四处随意摆放，显得拥挤不堪。厨房呈窄长条形，只能做 L 形厨房，狭小昏暗。想要改善，需改变厨房形状。

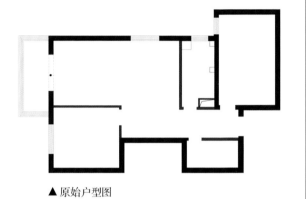

▲ 原始户型图

设计师巧妙地将非承重墙往客厅方向挪，同时敲短了长边，使厨房整体变宽变短来满足改造成 U 形厨房的条件。U 形厨房的设计，使整个空间分区明确、布局清晰，最大程度地做到了视觉开阔的效果。

▲ 改造后平面布局图

设计空间 1 　厨房、餐厅、客厅一体化

下厨对于大多数人而言，有着"炊烟袅袅"的温馨感，这炊烟里藏着家的温度，也暗藏逼仄压抑的感觉。本案的厨房在改造前更是如此——空间狭小，光线昏暗，厨房用品随处摆放，电冰箱等大件电器无处安身，诸多问题严重影响委托人的生活质量。

设计细节 1　给厨房开个窗

设计师结合委托人家中有老人居住的情况，保留中式烹饪的封闭式厨房，但在一侧墙面做了开窗设计，既保证厨房内的油烟不会过度溢出，又能够在封闭的厨房与其他家庭成员产生亲情互动。

▲ 厨房开了一扇窗，整个空间都不再沉闷了

如此一来，即使是在厨房内操作，也能扩大视线范围，随时看到客厅内孩子的玩耍情况，最大程度地保证孩子的安全。

在此基础上，因厨房空间有限的客观因素，为保证整体使用的流畅与舒适，设计师将电冰箱、干货柜等可以储存食材的功能柜置于餐厅，将常用的厨具通过五金挂件妥帖放置，让厨房自身在洗、切、炒的动线中，保持良性循环。

▲ 亮堂堂的餐厨一体区

设计细节 2　多功能半开放柜

餐厅整体设计简约而惬意，长条形的餐桌便于多人同时用餐，一旁的半开放柜体既可作为西厨水吧，给生活另一种打开方式，又可兼具餐边柜的作用，微波炉、茶具、水杯等都可以在此处放置。

▲ 注重实用性和美观性的客餐厅一体设计

设计细节 3　半开放柜旁的水槽装置

大家都知道，饭前便后要洗手。考虑到委托人的户型结构及面积分配，将独立水槽设置在半开放柜旁，委托人一家在进餐前无需去卫生间或厨房洗手，不但动线更加简单顺畅，节省了许多时间、空间，更利于家长以身作则，通过言传身教，从小培养孩子卫生、健康的生活习惯，可谓一举两得。

▲ 灵活的空间布局，功能与空间融为一体

设计细节 4　开放与私密空间的转换

客厅改造前的整体格局拥挤狭小，老人、孩子、夫妻的物品全部摆放在一起，杂乱无章。设计师将客厅空间再度细化，将两室一厅通过玻璃门与窗帘的形式分隔为三室一厅，其中便包括主卧部分。这样的设计使空间对应的功能更为精准，收纳更加清晰，同时玻璃门与窗帘分别对应采光需求与隐私保障，既照顾到空间的需求，又考虑人的感受。

▲ 既注重隐私又保证采光、收纳需求

当然，在设计时还考虑到未来家庭成员的变动，当家中老人不再同住时，客厅与原卧室之间只需要打开玻璃门与窗帘，便完成了客厅向更大空间的拓展，将一家四口的活动范围扩大到原卧室区域。当老人前来同住时，又可以按照家中具体需求再进行空间调整，只需稍作改变，空间的灵活多变优势即可发挥得淋漓尽致。

其实，在人多面积小的情况下，收纳应是无处不在的，但难题在于，收纳的位置不能过于明显。客厅内特别定制的沙发卡座设计便较为隐秘地满足了这一需求。它可以释放出更大的空间，用来存放手头零散的小物件，避免狭小空间内来回走动的烦琐。

沙发上方，利用沙发靠背顶边及墙面空余空间，竖立一个书架，当大人与孩子坐在沙发上休憩玩耍时，伸出手臂，便可以取到一本寓教于乐的书籍；沙发外空敞区域不设置茶几，因为茶几棱角鲜明，材质多为玻璃、石材，存在较大的安全隐患，并占用一定的空间。这样的设计对于一个温暖的小家来说，有些"留白"留给孩子、留给未来，恰到好处。

设计空间 2　入户区＋家政区

常言道"麻雀虽小，五脏俱全"，一个合格的小户型也应该是这样。从入户起，收纳便"各安其位"，而委托人作息线与收纳线合二为一的设计，将贯穿整个空间。鞋柜能满足当季常用鞋子的收纳，方便随时换取；开放格的设计能更好地照顾到随手放置的物品；开放格下方的小抽屉，可以将钥匙、水电卡、身份证等频繁使用的物品进行收纳管理，取用便捷又不易丢失。

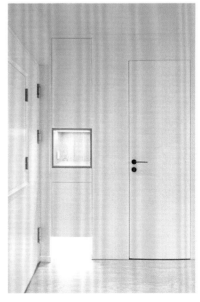

▲ 收纳细节设计，从入户开始

家政区的空间比较拥挤，这就需要极大提高空间内每一平方米的利用率。可以让烘干机与洗衣机叠放，起到"综合功能区"的作用；一旁更大的鞋柜用来放平时穿不到或不合季节的鞋子；衣柜上下方的收纳空间，使每一寸空间都得到了最大程度的应用，将收纳发挥到了极致。

▲ 家政间通过玄关分割而来

⌂ 设计空间3　　卫生间

对于人口多的家庭而言，卫浴空间设计显得格外重要。合理的设计让沐浴、洗漱、如厕各有一席之地，避免家庭成员共用时的拥挤现象。

坐便器上方的收纳柜，足以放下一家人的洗漱用品，通长的台下盆设计除更易打理、节省空间外，更能节约宝贵的时间。

▲ 洁白的方砖点缀了卫生间简洁的墙壁

设计空间4　主卧

对于卧室而言，功能性和舒适度永远都是首要的，而在有限的、开放的空间内，保证卧室的采光、隐私是极为重要的。

本案中，在米白色的公共区域分割出的卧室内，通过将地面整体抬高打造榻榻米的设计，释放出更大的地面空间，使其代替传统双人床，并在释放出的空间增加收纳储物功能。

▲ 简约现代的卧室风格让身心得到放松

与客厅沙发一样，衣柜外观的同色设计使卧室在关上柜门后乍看起来空无一物，在视觉上增大了卧室的整体空间。在衣柜内，根据长衣、短袖、内衣、冬夏衣物、被褥等不同分类，通过增加层板的设计进行归置，这样即使再拥挤的空间，也不会让生活变得混乱。

▲ 功能齐全的主卧衣柜

卧室内侧通过窗帘分隔的阳台，放置了办公与阅读所需的书架，阳台书桌方便放置笔记本等办公用具，窗外正临街景，在有限的条件内，给人以极大的便利与享受。

▲ 主卧阳台办公区，在一方小天地中感受窗明几净的办公舒适感

⌂ 设计空间5 / 儿童房

儿童房的使命不言而喻，他们会陪伴孩子们度过童年时光。考虑到两个孩子的居住需求，儿童房采用上下床的设计，释放出更多的空间留给孩子们活动。独立立柜也分为上下两层，灯饰同样如此，方便孩子住在上层也可以轻松开关灯。

窗台边通长的书桌是孩子们的学习空间，两个孩子同时学习，并不会显得拥挤，两侧的书架分别对应孩子们不同的阅读需求，避免发生书籍混淆的情况。

▲ 上下铺能满足家中两个孩子的居住需求

▲ 将儿童房书桌延长，使用台面充足

在整体的色彩搭配上，以米色、原木色为主，自然的光泽充盈在空间中，飘散着具有温度的质感，使人对环境一目了然。空间感、使用感、舒适度配搭得宜，孩子生活在这样的环境中，相信父母会更加安心。

本案小结 ✎

房间虽小，功能俱全。家人的入住赋予其盎然的生机，而设计师合理的设计，正好裁剪其多余的蓬勃欲，使其精而细，小却美，简单而不失安逸。

◀ 柔和的室内光线与软装材质，怎么住都舒适

新景家园项目

案例 **03**

如何把 36 个编织袋的行李装进 60 m² 的六口之家？

项目背景

本案例来自北京一小区，人均不足 10 m² 的面积分配，很难满足每个家庭成员对空间的基本需求，原本就不宽敞的两室一厅堆满了日常杂物。"房子好像缩水了，我有一种被欺骗的感觉。"委托人一句简短精练的话道出了家中最大的问题——居住空间严重不足。经过几天的整理，大量的日用品、衣物等最后被 36 个编织袋打包带走，留给设计师重新打造的空间。

项目概况

地点：北京   面积：60 m²   户型：两室一厅   居住人口：6 人
收纳投影面积：13.9 m²

委托人需求摘录

◎门口过道太窄，希望能重新改造设计。

◎厨房太过拥挤，希望能设计出更大的空间，更加实用。

◎家中人口众多，收纳空间严重不足，希望能有充足的收纳空间供家人使用，并能够做到隐形收纳。

◎希望能设计出独立的儿童房。

◎阳台区域需要重新改造，解决晾衣问题。

◎希望能有办公的区域。

◎喜欢原木色，因为家中有老人和孩子，材料一定要环保健康。

设计思路

纵观整体户型，手枪式的形状导致入户门廊狭长，空间利用率较低，且洗手间面积占比较大，格局分配不够合理。为了满足6人居住的需求，委托人将原本较为宽敞的客厅做了隔断处理，但原本存在的问题并没有得到改善，甚至更加拥挤。

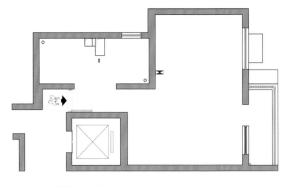

▲ 原始户型图

设计师拆掉了部分非承重墙，将洗手间的面积压缩，把厨房的面积拉伸，使两个空间占比均匀。同时，将原来的主卧一分为二，隔出儿童房和主卧两个等面积的空间。原本的次卧被打通，扩充为客厅，且在过道旁设计了一间老人房。如此一来，房间的结构变得清晰明了，每位家庭成员都有了自己的活动空间。

▲ 改造后平面布局图

⌂ 设计空间1　　入户

狭长的入户通道原本是被浪费掉的空间，设计师在此做了墙面洞洞板设计，可根据委托人的需求规定悬挂物品的位置，高效节省空间，避免杂乱无章。

设计细节 1   设置洞洞板收纳

自带装饰效果的洞洞板设计让整面墙"活"了起来，能够放置很多小物件，既保证了美观，又满足了收纳需求。无论设置在玄关、客厅还是在阳台、厨房，都是一道特殊而又靓丽的风景线。

设计细节 2   完善洗衣晾晒系统

将洗烘一体机入墙，上方拉伸衣柜的大小根据一体机的大小调整尺寸，一个小小的区域便能系统解决洗、烘、晾、收纳一系列操作。这个设计满足了无尘入户，方便随手收纳、更换日常衣物，缩短出行时间等诸多要求，一步到位释放家庭晾衣空间，赋予室内更多阳光。

▲ 走廊的收纳空间也不能忽视

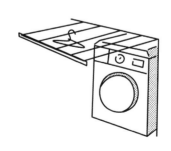

◀ 设计师在入户处完善了洗衣晾晒一系列操作

⌂ 设计空间2 ◤ 客餐厅一体化

由于户型面积较小，设计师采用将客厅餐厅一体化的方式来满足全家人的生活需求。选择小体量的餐桌放置在客厅中，就餐时根据就餐人数有选择地挪动餐桌椅，就餐后即可快速复位。

▲ 餐桌在客厅中仅占据很小一部分空间

客厅采用木作定制沙发座椅加壁挂式收纳柜。暖灰色柜体面板搭配白色墙体、木色地板，视觉效果自然而轻松。

▲ 与设计前的客厅区域相比，宽敞明亮是现在最直观的感受

设计师并不局限于地面上的空间设计，墙上的可利用空间丝毫没有放过。开放格与柜子组合，不会造成死板的视觉效果。

在本案中，沙发的收纳功能被发挥出来。所有的沙发都可以被打开，内部塞多少衣物都不成问题，还能根据家人衣物数量分类收纳。

▲ 壁挂式收纳柜使上方空间被利用起来

▲ 充足的收纳空间设计，为"36 个编织袋"找到了容身之处

阳台客厅采用了一体化的设计手法，将靠近阳台的地方改造成一整片日式榻榻米，带来更多亲子互动空间，为一家人的动线增添趣味，同时扩大了收纳区域。设计师还在角落处独辟出一角书桌，作为大人办公和儿童学习的场所。此外，若有待客留宿需求，这里还可作为临时休息场所使用，小小区域自成天地。

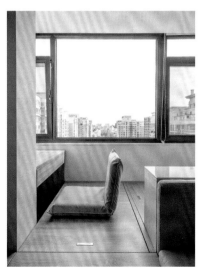

▲ 小户型同样能拥有属于自己的办公区

设计空间3 厨房

曾经的厨房逼仄狭小，插排电线用透明胶布固定在墙壁上，电冰箱占据了厨房大部分的空间，烹饪过程中转个身都会碰到墙壁。在改造后，厨房内采用 U 形设计，扩大操作台面使用范围，合理预留插排口，厨房功能大大增强；大号电冰箱嵌入墙内，吸油烟机用木作柜子隐藏起来，搭配木白两色橱柜，颜值直线上升。

▲ 扩充面积后的厨房焕然一新

设计空间4 卫生间

在六口人共同的居住空间里，卫生间使用问题成了最棘手的事。三分离式的卫生间将洗手台、坐便器、淋浴间合理地分隔开，干净卫生的同时满足每个家庭成员在不同时段的使用需求。

▲ 宽敞明亮的卫浴空间

在盥洗柜的柜门装上带放大功能且带灯光的化妆镜及化妆品收纳格，把梳妆台功能集成到盥洗室中，一举两得。

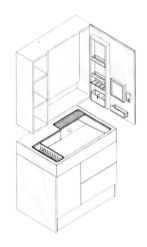

▲ 盥洗柜也是卫生间一大亮点

▲ 结合孩子的需求设计儿童房

利用磨砂玻璃做淋浴间和坐便区的隔断，既能保证视觉上的私密性，又能带来一定的通透感，为洗手间整体润色且不显压抑。

▲ 墙面和地面都铺了白色瓷砖，看起来十分明亮干净

🏠 设计空间 5　　休息区

儿童房和主卧仅一墙之隔，也是本案设计中的难点。男主人非常担心这样的划分是否会让空间压缩感更强，居住体验更压抑。设计师用事实证明，委托人完全不用担心这些问题！

在设计过程中，设计师运用错位法，将原本的一整块空间划分成两个形状各异的体块。儿童房高处宽敞，地面处相对狭窄。主卧反之，高处相对压缩，地面处更加宽敞。

此外，设计师为孩子预留出了十分充足的收纳空间：通往床上的台阶做成了推拉式收纳暗格，孩子一年四季的衣物都可以收纳在这里；同时，楼梯踢面以开放的形式设计，书本等物品可以收纳在此处。不仅如此，设计师还在床下区域开辟出学习空间，收纳区和学习区兼备。

▲ 考虑到长远的使用需求，对儿童房收纳做出细致规划

主卧和儿童房之间的墙上加设了一扇窗户，方便通风换气的同时，也能让父母和孩子之间的关系更密切。打开小窗，随时随地可以对话沟通。

▲ 主卧与儿童房之间的小窗户

上窄下宽的主卧，除了容纳一张双人床外，设计师还利用空间高度做出了一面墙的衣柜，为男女主人的衣物设置了收纳空间。

▲ 一组通长的大衣柜解决主卧收纳问题

老人房沿用之前的上下床形式，但改变了原来不安全的楼梯攀爬方式，专为老人设计了踏步高度合适的楼梯。

床底的抽屉，以及楼梯抽拉式暗格，为两位老人提供充足的组合收纳空间，再也不用在杂物堆中休息。

▲ 老人房此刻已是焕然一新　　▲ 原本的老人房被编织袋堆满整个床铺，改造后整洁有序

 本案小结

此案是非常有代表性的小户型改造项目，如何在有限的空间内，通过巧妙的设计满足每个家庭成员的需求是设计师需要攻克的难题。希望本案例能作为参考，给类似的小户型、多居住人口的家庭带来启发。

第二部分

基于户型结构的精细化设计

案例
04

天山西路项目

30 m² 爆改房, 爆改应该改在哪儿?

项目背景

这是一处价格昂贵却仅有 30 m² 的空间, 虽然面积小, 日照不足, 物品摆放严密而拥挤, 却承载着委托人母亲、女儿一家三口人的生活。当"生活"迫于环境的压力变成"活着", 如何扭转这一局面, 还原生活本真的模样便成了设计师的难题。为打破当下困境, 摆脱沉闷暗淡的生活空间, 还一个简洁而优雅的小家给委托人, 设计师下足了功夫。

项目概况

地点: 上海　　面积: 30 m²　　户型: 一室一厅　　居住人口: 3 人
收纳投影面积: 28.4 m²

委托人需求摘录

◎希望在小空间内也能拥有充足的收纳空间。

◎卫生间希望能够做到各功能分离, 很多护肤品能隐形收纳起来。

◎希望有良好的采光, 各个空间都能亮起来。

◎喜欢落地玻璃窗。

◎喜欢清爽的风格, 简洁大方, 看起来会更舒服。

◎以实用为主, 希望能通过设计真正改变现在的生活环境和状态。

设计思路

改造前电冰箱被放置在门口转角处，紧邻卫生间，既突兀又占据了门口很大一片位置。卫生间只要有人洗澡，水就溅得到处都是；客厅空间局促，一家人吃饭时只放一张小小的餐桌就转不开身，更别提请朋友来家里聚会；阳台是开放式的，每到冬季室内都觉得潮湿阴冷……如何让年迈的母亲能够拥有畅快呼吸的空间，让孩子的童年能够被明媚的阳光环绕，是设计师面临空间改造的第一道难题。

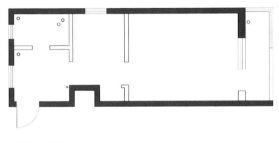

▲ 原始户型图

经过设计师的改造，可以直观地看出通过拆改墙体，将原来的一室一厅改造成了两室一厅，客厅区域可以一厅两用，家中增加大量收纳空间，并且对阳台进行大改造，保温隔热的同时利用率大幅提升。

▲ 改造后平面布局图

设计空间1 客厅

设计细节1 房屋改造的重点，说到底还是"拆"

为了增加房间数量，设计师将原有墙体进行了拆除，将原一室一厅的空间变成了两室一厅，分为主次卧，并借用原有阳台的面积，改造成多功能空间。

原来客厅的空间十分狭小，吃饭、会客、休息全部都需要在这个小小的空间完成，甚至委托人母亲休息的地方也挤在这里，显得十分局促。

设计细节2 客厅也能在保证隐私的情况下秒变卧室

改造后客厅的沙发床"一物两用"，既可作为沙发使用，同时又能起到床的作用，满足委托人对卧室的功能需求。在配色上设计师将原木色与灰色调颜色融为一体，跳跃的绿色餐桌椅带来了清新自然之感。

▲沙发当床，秒变卧室

设计细节 3　小镜子的大作用

墙体镜面设计则是参照家中老人的身高打造出的视觉延伸工具，使得整个空间在视觉上又变大一些，这样别具一格的设计也会给人的心情加分。

▲ 通过镜面打造视觉延伸效果

设计细节 4　客厅收纳设计

木作镂空墙柜放置在客厅中，既可以借助镂空区域将客厅内充足的光线引入主卧，又能收纳物品，也可作为展示台起到装饰空间的作用。木白两色线条相结合，给人以居家温暖之感。

▶ 小小的镂空是引入光线的关键

设计细节5　采用小型可拼拆餐桌

客厅中可以因需摆放体量小的可拼拆餐桌，不仅节省空间，还能满足6～8人在这里同时就餐的需求。

▲ 改造后有了能邀请朋友来家中聚会的空间

设计空间2　厨房

原来的厨房空间狭小，无法将设备配置齐全，只是一个做简餐的空间，对比现代化的居家就餐环境而言，这里未免显得太寒酸了一些。如何让厨房"活过来"，是设计师面临爆改空间的第二道难题。

改造后的厨房区域在保证洗切炒这些基本功能的同时，还增加了洗碗机、墙面置物架、净水机等设备，原木色的橱柜做了上下分层设计，扩大了整体使用面积，让厨房收纳不再是头疼的问题。

▲ 改造后厨房的使用空间倍增

一字形厨房将烹饪动线依次贯穿，流程清晰。上下层橱柜解决了收纳问题，灶台明亮干净，在这里下厨是一种乐趣，更可以让厨房变成一个一家人快乐的衍生池。

▲ 通透明亮的厨房操作空间

设计空间 3　卫生间

改造前的卫生间内没有干湿分离设置，每次洗完澡地面全都是水，容易滑倒，这是设计师面临的第三道难题。

在原有空间的基础上，设计师通过玻璃将卫生间整体分隔成干湿两部分，木作柜子给卫生间提供了充足的收纳空间，日常用到的物品通通可以在此处做到隐形收纳。改造后的卫生间"五脏俱全"，充满现代设计感。

木作柜体的格子里摆放了绿植，在视觉感受清新的同时，最大程度上照顾到祖孙三代的生活质量与心情，实用性与幸福指数同步提升。

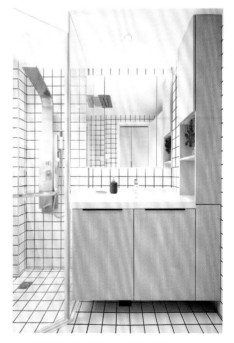

▲ 利用转角空间做出干湿分离效果

设计空间 4　阳台

改造前的阳台陈旧不堪，好像轻轻一推就会全部掉下去一样，尤其是到了冬天，这里就更显得阴冷潮湿，几乎无法在此驻足。如何巧"偷"阳台面积以达到扩大室内空间的效果是设计师面临的第四道难题。

设计师将阳台和卧室打通，新增区域可收纳洗衣机，不仅可以满足洗衣、晾晒等实用功能的需求，还可以让喜欢养花、养鱼的老人有了一块自己的"庄园"。赋予阳台多种属性是本案设计的巧妙之处，让阳台不再只有大众概念中的单一用途。

▲ 改造后的阳台焕然一新

设计空间5 　主卧

作为整个房子的核心，卧室区域集合了睡眠、收纳和工作三大功能，良好的采光也保证了在家办公的效率。对于委托人而言，书架上的开放式镂空格子便是可以将窗外的阳光收集并均匀分布的小法宝。

▲ 用镂空格子营造舒适氛围

墙上一组开放柜为放置书籍、文件等提供了空间。更加惬意的生活，就从这里的休息、办公、品茗开始。

▲ 打造出专属办公、休闲区

次卧位于沙发旁，墙面上的窗能够保证此区域采光充足。嵌入式的床头柜也是整个设计的亮点，它为次卧收纳提供了有力保障，在小小的一方天地中各种配置都齐全到位。小夜灯为整个空间提供了充足的照明，结合窗户的采光，即使是小空间，一样透亮明快。

最后，考虑到家里有体弱的老人与年幼的孩子，设计师还贴心采用了全屋地暖，让冬季的潮湿阴冷一去不复返。

▲ "藏"起来的小次卧

黑白色条纹的床品搭配木、白色柜体，使得整个空间不再死板单调，温馨的环境透出主人简单大方的气质。

▲ 主卧的色彩搭配具有灵动的视觉感

本案小结

通过对这间面积"迷你"的房屋整体翻新，让这座充满时光印记的老房子焕发新生，驻足其间，清风拂面，我想，这才是理想中的家该有的模样。

案例 05

双清苑项目

互借空间，功能扩容 100%

项目背景

本案例的委托人考虑到儿女即将走入校园，添置了毗邻学府的职工房。80 m^2 的职工房，需要住下三代共六口人，人均面积已然缩到了极致。委托人希望在保留公共区域的同时，能够留足三代人各自生活的独立区域，并开辟独立书房，以便在家办公。设计师要做的就是通过设计，划分出更多空间，解决房间不够住的棘手问题。

项目概况

地点：北京　　面积：80 m^2　　户型：两室一厅　　居住人口：6 人
收纳投影面积：48.6 m^2

委托人需求摘录

◎希望设计以实用为基础，在保证储物的前提下，公共空间尽量大一些，给孩子更多的活动区域，公共空间对儿童安全友好。

◎储物方面隐藏和开放的比例大约为 8：2，希望能有地方展示孩子的画或各种手工作品。

◎不太能接受色彩高饱和度的装饰和家具（可以接受少量的画或者装饰，提亮整个空间）。

◎需要有方便的充电设备且电线不能外露。

◎喜欢木地板，自然原色。

◎所有柜门尽量隐藏把手，家具要保证环保。

◎可采用无主灯设计，照明质量好一些，适合阅读并可以保护孩子的视力。

设计思路

可以从平面图中直观看出原始开窗位置都不太理想，室内通风采光效果不尽如人意；厨房功能单一；卫浴动线交叉严重；两个卧室暂时还能挤挤，随着孩子成长，分房睡是必然趋势。为此，设计师对空间进行了大刀阔斧的改造。

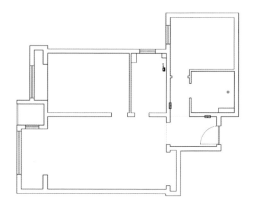

▲ 原始户型图

设计师采用互借空间的形式，把家放大，这不仅仅是视觉上的"大"，更是实现真正意义上空间与功能的同步扩容。

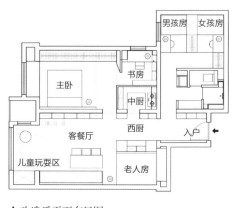

▲ 改造后平面布局图

设计空间1　巧借空间，妙改五室

设计师巧妙地借用了利用率不高的过道，以及空间的高低差，将中西厨、客餐厅、三分离卫生间、家政区和儿童玩耍区五个区域以近乎魔术的手法塞到了同一个空间之中，功能扩容率超过 100%。

- ■ 主卧
- ■ 客餐厅
- ■ 中厨
- ■ 儿童玩耍区
- ■ 西厨
- ■ 老人房
- ■ 男孩房
- ■ 女孩房
- ■ 家政区
- ■ 三分离洗手间
- ■ 玄关
- ■ 书房

▲ 用不同的色块标清空间布局

设计细节 1　拆分厨房，增加书房

首先是将原本的厨房一分为二，一部分改为通向主卧的书房，满足男女主人在家办公学习和科研的需求。另一部分则保留厨房功能，原本"臃肿"的厨房不仅功能单一，还会浪费掉一部分空间，没有将应有的功能发挥出来。为厨房"瘦身"后，不仅提高了厨房的利用率，还通过一分为二的方式打造出了书房。

厨房家电占地太大，于是从书房借了一小块空间来补充，矮柜内暗藏着的洗碗机被完美隐形。

▲ 大胆突破，在一处空间内完成一改二

▲ 将大型电器隐藏起来，美观又不占空间

▲ 孩子可以在此处玩耍

设计细节 2　借用过道，打造西厨

考虑到过道走廊的利用率较低，设计师把它巧妙地借过来，改造成了迷你中厨门外的西厨操作区。

此区域还设置了水吧台和开放式酒柜。小朋友体验烘焙，大人调酒小酌，都可以在此找到各自的乐趣。

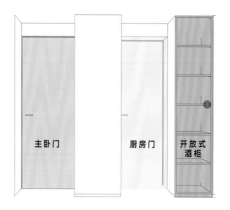

▲ 家庭动线也越来越清晰

▲ 为空间赋能，打造功能全面的西厨区

设计细节 3　家政区的诞生

在卫生间的拐角处设置家政洗衣柜，借用卫生间和过道的区域形成家政区，在此集中进行洗衣烘干之后，再将衣物放置到各个卧室。

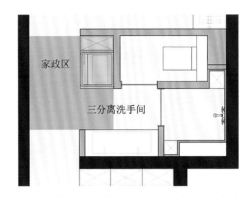

▲ 空间重新划分，借用卫生间和过道，构成家政区

设计细节 4　定制儿童床，告别空间不足的烦恼

年纪相仿的两个孩子，彼此陪伴长大，也就意味着生活空间很难同时满足两个孩子的需求。设计师借用高低差，在原本放不下两张床的儿童房里设置了上下铺，并通过床板、收纳柜等结构组合起来，将一间儿童房隔成了两个休息床榻，也保证了每个区域都有独立的床铺、衣柜及学习桌。

▲ 充满趣味性又实用的儿童房

设计空间 2 ｜ 打开窗洞，连通光影

这个户型是令人头疼的直筒户型，仅在北面、西面有几扇窗户。南北纵深，在承重墙的阻挡下，一部分空间只能处于阴影当中。所以在增加更多房间的同时，设计师首先要考虑的便是采光问题。将原有的阳台融入客餐厅区域，既扩大了空间视觉感，更保证了充足的光源和良好的通风。客餐厅没有多余的家具阻挡，一定程度上让更多的自然光进入老人的卧室。

▲ 针对采光问题重新设计规划

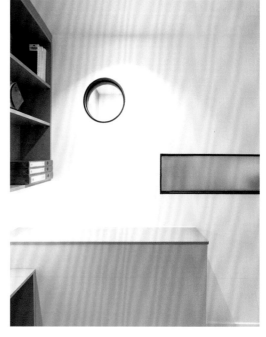

通过增设窗洞，自然光线从书房进入厨房。从儿童房的南向窗户射入的光线，穿过隔墙的窗洞进入另外半间儿童房内。此外，利用地台、衣柜等位置，设置漫反射灯带，为空间提供柔和的补充照明。

▲ 书房采光窗洞设计

设计空间 3　关注细节，空间再调整

设计细节 1　客餐厅家庭互动区——西厨、水吧、客餐厅、老人房和阳台

考虑到三代人不同的生活习惯，老、中、幼的卧室并未安排在一起。在"距离产生美"的同时，通过过道的指引，将家人互动的区域锁定在客餐厅和它的延长线西厨、水吧上。

▲ 全家人去往互动区动线示意

客餐厅采用定制卡座的形式，灰色系硬包在保证舒适度、满足平日休闲小坐的同时，又自带储物功能。通长的卡座是客餐厅公共区域的焦点，无论是家人的一日三餐、朋友聚会，还是辅导孩子功课、周末一起阅读绘画，它总能时刻发挥作用。根据不同的功能需求，随意挪动餐桌位置，空间属性也随之发生改变。

老人房采用软隔断形式，定制的床箱提供充足的储物空间，预留的灯带强调区域属性，也为老人晚上起夜提供便利。

▲ 客厅一角，可看到软隔断处的老人房

改造后的客厅视野开阔，委托人可以随时看到孩子在休闲阳台玩耍的情况，让孩子一直处于视野范围中。

▲ 休闲阳台规划成了儿童活动区

设计师根据钢琴的尺寸选择了一组合适的书柜解决收纳问题，嵌入式的设计让整体空间看起来一点都不突兀。

▲ 卡座对面的组合书柜

用推拉门来完善书柜系统，相较于其他柜门，推拉门的装饰性更强，可根据家人使用情况打开或关闭，不占用多余空间。

柜子底部还做了抬高处理，放入儿童也能使用的成品收纳箱，让孩子养成自己收纳的习惯，妥善保管、随时归位。

▲ 推拉门采用"黑板贴"装饰贴纸

▲ 孩子玩耍后的收纳习惯养成

设计细节 2　玄关家政清洁区——玄关、家政区与三分离卫生间

家政清洁区被规划在玄关入口附近，家人从外面回来，在入户处换鞋、挂外套、放书包，随即进入卫生间简单盥洗。卫生间做成了三分离，增设了两个水盆，这样设计不但满足了高峰期的使用，也保证了三代人的隐私。镜柜内有收纳空间，平时将洗漱用品放入其中，显得台面整洁。内部预留插座点位，方便剃须刀、电动牙刷等电器充电。

▲ 洗手间是唯一一处没有自然光直射的区域，所以在颜色上采用大面积亮色系，避免了暗卫带来的视觉压抑感

设计细节 3　儿童房子女成长区——男孩房和女孩房

考虑到小朋友逐渐形成的隐私意识，设计师在儿童房顶部预留了设置滑轨的空间，便于安装推拉门。

▲ 既开放又能做到互不干扰的儿童房

在儿童房一角，可看到顶部为推拉门预留的位置；定制儿童床，窗洞保证了采光，爬梯足够深还可以用来藏书，床下方的推拉式储物柜在孩子不同的成长阶段都能满足收纳需求。

▲ 随着孩子的成长，儿童房还有很多针对未来考虑做出的设计

设计细节 4　主卧休闲办公区——地台、书房与飘窗

主卧大部分地面抬高，形成就寝区，以满足小朋友暂时与父母同住的需求。床尾打了整面白色柜子，柜体也做抬高处理，提供充足储物空间之余，也不会显得过于呆板沉闷。

▶ 大面积的收纳柜，想怎么装就怎么装

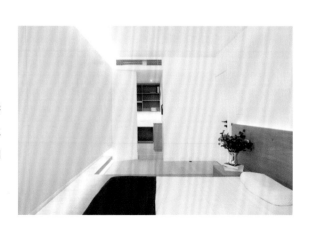

▲ 温馨的灯光是营造室内氛围的重要方式

暗藏的灯带与地面木色的温润肌理相互成就，
营造温馨的休息环境，提高睡眠质量。

为了满足委托人的科研与学习要求，书房提
供了充足的照明和收纳空间。关上书房门，
可以应付偶尔通宵加班的需要，还不会影响
到在主卧休息的家人。

▲ 一处独立的书房更有助于委托人在家高效办公

从书房走出来，能看到主卧过道、生活地台和飘窗成三段式，鲜明地界定了动静分区。飘窗与寝具等高，避免孩子玩耍时磕碰受伤，也拓展了视线的边界。飘窗是室内外交接的区域，一直是设计师改造的重点。保留这些自然过渡的模糊空间，就能为家庭多开辟几个放松身心的角落。

▲ 孩子在床上愉快玩耍，这才是家的模样

本案例虽然原始户型中存在着诸多问题，但仍然可以通过灵活的变通设计来改变当下的格局，让家居住起来不再是负担。通过"借空间"来提高整体舒适度，完成家的二次构建。

案例
06

汇成五村项目

小户型改造，采光是关键

项目背景

家就像是一个巨大的器皿，容纳了日常琐碎和每个人对生活的期待及感受。而房子是家的媒介，用四方空间包裹起了生活的欢笑与日常。一个可以满足每个家庭成员期待的家，即使空间是有限的，也一样可以获得最舒适的居住感受。本项目的委托人想要自己的小家拥有更多的阳光，让每个空间都亮起来。

项目概况

地点：上海　　面积：59 m²　　户型：两室一厅　　居住人口：4 人
收纳投影面积：22 m²

委托人需求摘录

◎房屋需满足一家四口的日常生活、男主人的办公需求、孩子小学和中学阶段的学习空间需求，以及偶尔的家庭聚会，即兼具生活、工作、学习和休闲娱乐功能。

◎满足功能性和实用性的前提下，尽可能多些储物空间，并能在不影响美观性的前提下实现合理分类，方便取用。

◎希望最后设计出的家是易打理、易维护的。

◎希望在家里能有绿植（可考虑室外的南北阳台）。

◎开关要多，路由器位置居中且线不外露。

◎颜色喜欢白色、原木色、米色、暖灰色等，可以尝试点缀黑色。

◎家具尽量避免使用布艺材质，以皮质和原木的材质为主，避免尖锐的、烦琐的家具。

设计思路

光源是整个空间的"眼睛"，无论房屋地段多好、空间面积多大，若采光较差，都极易滋生细菌，引起视觉疲劳，不利于人们长时间居住生活。

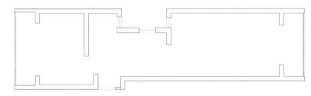

▲ 原始户型图

想要让家通透起来，最好的方法当然是直接引入自然光，如果不想或不能破坏原有的格局，那么"借光"也是很好的选择。此时，移动家具、镂空家具就可以充当很好的借光工具。

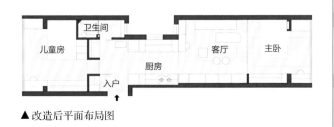

▲ 改造后平面布局图

设计空间1　客厅、主卧

主卧连接起居空间，同时需要借助南阳台的自然光照明，并且中间没有墙体遮挡，主卧的隐私性和整个起居空间的采光是设计师需要着重思考和解决的问题。

设计细节1　移动书柜

在卧室和客厅中间，需要一处既能保证采光，又能拥有私密性的隔断。所以，设计师在主卧与客厅之间，设计了一套量身定制的移动书柜。书柜一侧搭配可推拉隔板，这样既可以保证白天采光最大化，又可以解决夜晚卧室私密性问题。同时配置了电动雾化玻璃门，开启时会自动雾化，保证主卧的私密性；关闭时便是一扇透明的玻璃门，对白天的光线也不会有任何阻碍。

▲ 整个空间采光充足

白天，将书柜的隔板打开，可以完美利用南阳台的自然光。书柜墙体除了在空间上分隔了主卧与客厅外，还为热爱阅读的女主人收藏爱书提供了方便，让 200 余册书籍也有了展示、收纳之处。

▲ 一物多用，功能发挥得淋漓尽致

夜晚，将书柜的隔板关闭，打开雾化玻璃门，保证主卧的私密性及安全感。

▲ 公私区划分明确，隐私有保障

设计细节 2 收纳系统

主卧内设置了整面墙的衣柜，衣服再多也不用担心收纳问题；白色的柜体同时也让空间更加明亮通透。

▲ 把收纳细化到每一处

设计细节 3 舒适的灯光设计

一个让人心安的卧室环境可以很好地提升睡眠质量。主卧大面积使用白色、原木色的色彩，配合暖光色调的床头灯，温柔、轻松，营造出温馨舒适的卧室氛围。

▲ 无时无刻不被家中的色调与灯光治愈

设计空间 2 　　入户空间活用

鉴于户型上的"硬伤"，原本的入户玄关，推开门首先看到的便是卫生间，无论在私密性还是环境心理学上都存在一些不足，对此区域的改造是必须要做的。

入户玄关处，设置了一个半遮挡的洞洞板墙体，将玄关很好地分隔出来。进门一侧搭配了抽拉式的墙体鞋柜，提供了充足的储存空间。洞洞板也可以根据日常需求配置出挂衣、挂包的收纳空间，同时还帮助小户型空间实现了无尘入户，提高了居住舒适度。

从房间内看向玄关处，整面墙体的穿衣镜既很好地满足了使用需求，又在视觉上扩大了空间感受。

▲ 入户处，换鞋柜加洞洞板打造收纳空间

▲ 进出门口时能时刻关注到自己的仪容仪表

卫生间本身的空间十分有限，设计师巧妙地借用了儿童房一处 90 cm ×90 cm 的小空间，将淋浴间置入，同时将洗手台设置在外，很好地解决了卫生间干湿分离的问题。

▲ 空间重新拆分，外置洗手台节省空间又实用

设计空间 3　厨房

在这样一个长条形的空间内，自然光无疑是最让人憧憬的。南北两侧两个连接卧室的小阳台是全屋自然光的主要来源，除了最大化利用两侧的光线，如何在房子的中间暗角区域打造一处可以媲美拥有自然光的空间，是设计师遇到的大问题。

为了解决这一难题，设计师在厨房位置设计了软膜天花模拟自然光，仿佛阳光直接从房顶洒下，干净、纯粹，补充了厨房的光线，点亮了昏暗的小角落。原本房间最暗的部分摇身一变，成了让女主人最为惊喜的地方。

▲ 没有光源就创造光源

橱柜、墙体和地面，大面积采用白色系色调，配合软膜天花提亮了整个空间。

▲ 在宽敞明亮的厨房内烹饪，下厨也有好心情

爱研究美食的外婆可以
在这里享受着空间带来
的愉悦，为外孙女搭配
合理的膳食。

▲ 合理的厨房功能分区，也从视觉上延展了空间感

设计空间 4 ┃ 客厅，全家互动小天地

客厅除了满足基本的功能需求之外，也是全家互动最频繁的空间。充足的活动区域最大限度地让客厅满足了每个人的期望——穿行其中，小朋友肆意跳跃、愉快歌唱；女主人闲适的阅读时光、自在的室内瑜伽；一家四口晚饭后的天伦之乐……都在这个空间中得以满足。

▲ 尽情体验家的温馨

▲ 宽敞的客厅可以，与家人亲密互动

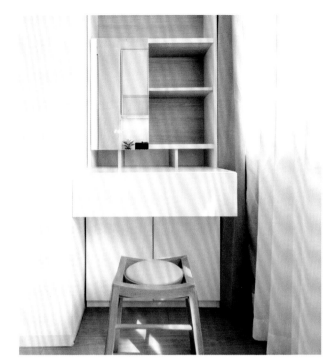

连接主卧的南阳台一侧布置了
女主人的梳妆台。

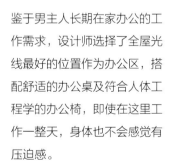

▶ 精巧的梳妆台

鉴于男主人长期在家办公的工
作需求，设计师选择了全屋光
线最好的位置作为办公区，搭
配舒适的办公桌及符合人体工
程学的办公椅，即使在这里工
作一整天，身体也不会感觉有
压迫感。

▶ 南阳台另一侧成为了男主人的
办公区

⌂ 设计空间 5 ╲ 伴随成长的儿童房"时光盒子"

童年是人生最美好的时光，作为设计师能做的就是给孩子创造一个温暖舒适的生活环境，让他们健康快乐地长大。儿童房作为孩子的休息、学习和游戏空间，应该是实用、安全、有童趣的，还要为孩子未来对居住需求的发展留足可能性。

考虑到外婆平时照顾外孙女需要留宿的需求，儿童房的空间功能划分上，除了要满足孩子的学习及休息需求，还需要满足外婆的居住需求。设计师使用了可移动的上下床——下层空间保证了外婆的起居便捷，上层空间是属于孩子的小天地。像一个"时光盒子"，让每个人都享有更舒适的居住体验。"盒子"一侧有可以爬上爬下的踏步台阶，形式上营造出些许滑梯的仪式感，也给爱玩滑梯的孩子带来了一些小欢乐。

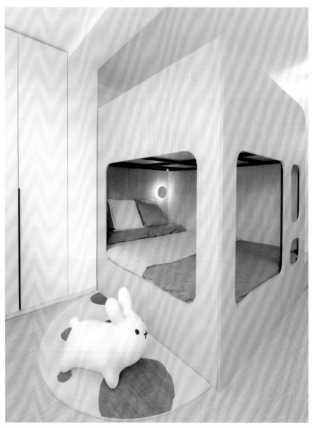

◀伴随孩子一路成长的"时光盒子"

伴随孩子的成长，儿童房也可以轻松变换空间组合。童年时期与外婆同住的盒子空间，在青年时期可以成为属于自己的独立卧室。在原本是台阶的位置，设计师做出60 cm 宽的床箱，为儿童房带来更多的储物空间。

北阳台很好地补充了儿童房的活动区域。窗边一侧的小书桌利用了自然采光的优势，给孩子提供了画画、学习的空间。其余的空间功能，既满足了家人与孩子的日常互动，又可以在后期根据需求摆放古琴等乐器，最大限度地满足孩子成长的需求。

▲ 注重实用性，又能确保储物空间充足

▲ 重视孩子的每个成长阶段，感受每一个充实的瞬间

 本 案 小 结

在被有限的条件框住的空间里，设计师带着每位家庭成员的期望进行设计改造，充分考虑了三代人的生活及工作特点，很好地解决了原本长条户型采光不好、主卧私密性差及入户玄关空间狭小等硬件问题，同时也满足了每位家庭成员对空间功能的需求。

第三部分

基于客户多样化需求的精细化设计

案例 07

仙城小区项目

小空间功能法则，卫生间复合家政间

项目背景

本案例是一处长约 15 m、宽约 3.3 m 的狭长老公房，使用面积为 50 m²。住着男女主人和 9 岁的儿子。虽然房屋受到各种客观因素限制，框住了居住范围，却框不住多变的生活场景与居住体验。设计师又是如何在"有限的空间，受限的改造"之上，不浪费每一寸空间，满足委托人诉求的呢？

项目概况

地点：上海　　面积：50 m²　　户型：两室一厅　　居住人口：3 人
收纳投影面积：10.2 m²

委托人需求摘录

◎希望设计以实用为基础，重视房间整体色调（倾向于白色、灰色、淡黄色）。

◎没有固定风格，可以接受混搭风格，一切以舒适大方为主。

◎一切设计都要以后期方便打扫清洁为出发点。

◎需要有较多储存空间，储存空间尽量能隐藏起来，但要取用方便，可合理摆放物品。

◎考虑半开放式厨房，将餐厅和厨房合并为一个整体。

◎浴室四分离或三分离，不喜欢玻璃材质。

◎采光和通风效果一定要好。

设计思路

和大多数普通家庭的居住需求一样，本案亦是以实用为主，空间虽小，但希望有尽可能多的隐藏式储存空间，简洁实用、收纳合理。

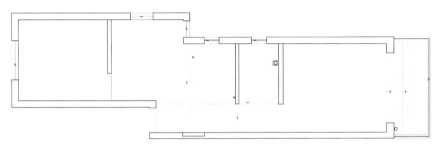

▲ 原始户型图

设计师从委托人需求出发，带入使用情境，将有限的空间巧妙"折叠"，如魔法般变化出更多的可用空间，契合委托人的生活状态，缔造出小空间里的无限空间。

▲ 改造后平面布局图

设计空间 1　卫生间复合家政间

卫生间原本的空间有限，无法干湿分离，委托人希望卫生间既保证实用性，又兼具生活品质感。考虑到这些需求及空间现状，设计师将主卧的墙体往阳台一侧稍作移动，把主卧部分空间划入，以扩大卫生间的使用空间。

设计细节 1　卫生间三分离设计

在有限的空间之上实现了卫生间的干湿三分离——洗手台、淋浴间、坐便区各自分隔。家政间定制收纳柜解决收纳问题；为满足厕所空间的干爽整洁，又在坐便器一侧设计了定制收纳柜，不仅将洗衣机及烘干机内嵌，还有大量储存空间方便放置各类清洁用具。

▲ 充足的收纳柜体，想怎么用就怎么用

▲ 物品分门别类存放，干净有序

为了便于整理柜内物品，针对委托人家里的实际情况，设计师做出合理的收纳方案供委托人参考，有序的家政间让人眼前一亮。

设计细节 2　小户型也能拥有浴缸淋浴间

在淋浴间里配置了女主人所期望的浴缸空间，设计上选用了迷你型坐式浴缸，更加保证空间使用面积的最大化。

▶ 女主人期望的淋浴间，实现泡澡自由

设计细节 3　隐藏式外置洗手台

干湿三分离的设计很好地划分了卫生间的使用功能，在使用高峰期也可以最大程度满足家人的不同需求——淋浴、洗漱、如厕、洗衣，更具人性化。外置洗手台隐藏于走廊一侧，节省了卫生间空间。

▶ 隐藏式壁柜，干净、美观，兼具功能性

⌂ 设计空间 2 ╲ 半开放式起居空间

鉴于户型的独特性，走廊连接各个房间，也串联起了家的不同生活场景。设计师将原本仅仅具有通道功能的走廊空间合理利用，赋予了其更多功能——玄关休息处、外置洗手台、转角处折叠小餐厅……满足各种生活场景，增加了使用频率。顶部设计的软膜天花照明很好地解决了中间走廊光线较暗的问题。

▲ 走廊连接了玄关到主卧、卫生间、厨房以及客厅的各个空间

如果说房子是多个功能空间的组合，那客厅便是串联起这些空间的纽带，似乎一切生活场景都可以在这里找到影子。闲暇时刻，与家人自在地窝在沙发上，享受着美好的宅家时光，煲剧、看书、游戏、聊天……每一声欢笑、每一次拥抱都记录着房间里最美好的瞬间，温馨而惬意。

▲ 一处简洁的客厅，充满了全家人的欢声笑语

用半开放式的展示柜，将入口玄关与客厅分隔开来，一侧连接走廊，一侧通向客厅。柜体的布局合理划分出储物空间，既可以作为电视柜，又可以方便摆放委托人喜爱的书籍及小摆件，同时也是右侧儿童房书柜的延伸。

▲ 设计巧妙的展示柜，既能分隔空间，又能满足收纳

局部照明的设计，配合客厅的多功能场景，同时满足委托人偶尔夜晚居家办公的照明需求。沙发旁柔和舒适的灯光，暖暖的色调让木质家具倍显温润，起居空间格外温馨。

设计师还专门挑选了适合整个家庭氛围的灯具作为照明使用，让家更有品位。

▲ 温馨舒适的居家空间让生活更惬意

▲ 造型奇特的灯具给独一无二的家增光添彩

设计空间 3　餐厨一体区

设计师对厨房与客厅之间的实体墙壁进行了
调整改造，在墙体上打洞，设计了一个室内
墙洞，打破了视觉上的硬性阻碍，延展了客
厅的视觉通透性，也增加了小空间厨房的开
阔感。

▶ 开一扇窗增加了客厅的一处风景

▲ 厨房一侧的墙洞增强了厨房与客厅空间的互动性

厨房和餐厅融合在一起，缓解了小空间的压抑感，补充了客厅和厨房有限的视野，同时也增加了用餐时光家人之间的互动。

半隔断墙体的使用缓解了开放式厨房油烟太大的顾虑，结合折叠餐桌的设计，很好地满足了煎炒时杜绝油烟、轻食料理又可具有互动性的两种需求。

▲ 一丝小巧的设计改动，便让原本狭小封闭的"格子厨房"，变身成一处"半开放式的互动空间"

▲ 抬起小桌板，即可形成小型用餐区域

大片白色的柜体、按压式无把手的柜门，从视觉上缓解了厨房的繁杂感，营造出干净整洁的空间体验。

▶ U形厨房设计缓解厨房使用面积不足的压力

小厨房也有大收纳，上下分离式的橱柜满足储物需求，将小家电、厨具、食材等统统隐藏收纳。

▶ 功能强大的厨房空间

设计空间 4 　舒适感与包容性兼具的主卧休息区

主卧床尾位置设计了高 2.2 m 左右的衣柜储物空间，不仅可以收纳各类衣物，同时也可以将旅行箱、吸尘器等杂物藏入其中。几扇柜门，隔离了生活的喧嚣与杂乱，让空间瞬间轻松起来。

▲ 主卧设计了三处收纳空间，合理利用每一寸面积

主卧选用白色、灰色、木质色调的搭配，凸显出舒适温馨的风格、自然通透的气氛。木地板与原木色调的柜门，带着自然的肌理感，与卧室一侧简洁、高包容性的白色墙面相互呼应，让空间更具呼吸感。

▲ 清爽的色调搭配让人心旷神怡

阳台一侧干净简单的小立柜，收纳了药箱、工具箱、瑜伽垫等生活杂物，便于打理，方便取用。

◀ 立柜的设计能够有效补充床头收纳功能

主卧里些许绿植的点缀，加上原木地板、白色柜门以及柔软的寝具软装，在材质和色彩上相互碰撞，衬托出各自独特又融合的美，简单又自在，轻松提升睡眠质量，让人心生向往。

周末的闲暇时光，在阳光的陪伴下，一杯咖啡、一本书，尽情享受生活的愉悦；夜晚时刻，阳台空间变身小小瑜伽室，女主人在这里运动拉伸，放松身体。

▲ 黑白灰的床头一角，轻松随意的搭配

▲ 精巧舒适的办公区

⌂ 设计空间 5 **多功能融合的儿童房**

儿童房与客厅相连，考虑到孩子的成长以及空间使用需求，设计师将两个空间的功能性相结合，既满足孩子不同成长阶段的需求，又兼具书房、藏书室等功能。儿童房的书桌迎窗而置，以保证自然采光的最大优势。定制的大尺寸书桌可以轻松容纳两个人共同使用，满足父母一方可以和孩子一起学习、阅读的生活场景，让成长多了陪伴。

▲ 儿童房色调与其他空间保持一致

墙柜中间的开放格可将书籍、玩具和杂物合理归纳、摆放，整洁有序。同时与客厅半开放式收纳柜相连，房门打开时，视线随着两个空间的柜体得以延伸，带来更为广阔的空间感受。

▲ 整面墙柜一分为三，可根据孩子自身需求放置、储存物品

根据孩子身高，在符合人体工程学的条件下设计桌面高度，保证让孩子能够在舒适的桌面高度条件下使用。

儿童房同时满足了作为卧室以及书房的双重功能，简洁干净的原木色调，极大地提升了空间舒适度。设计师选用反光度适当的墙面壁纸和亚光材质的家具为孩子的学习提供了安静的环境，也为孩子的睡眠提供了轻松宁静的氛围。

▲ 舒适的学习空间

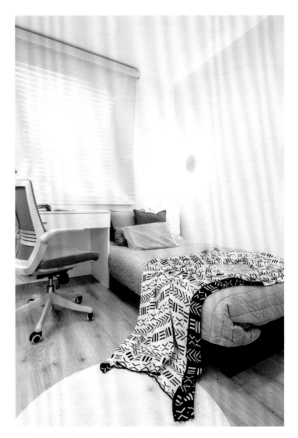

▲ 床头造型奇特的灯具也是一大亮点

 本案小结

通过设计延展空间的视觉感受，灰、白、原木色的色彩搭配营造自然通透的空间体验，即使面积小也不会感觉到逼仄。灵活的隔断、可折叠的餐桌等小细节的设计让空间根据需要切换大小，让家居生活从此欢乐不断。

案例 08

碧水云天项目

一次规划，打造可持续居住空间

项目背景

有太多人喜欢本项目委托人的居住空间，常被问及"为什么你的家这么好看？"，于是委托人就毫不吝啬地在微博上给网友分享。这个实际使用面积为 113.6 m^2 的三居室，从设计到落地整个期间，委托人只来过几次，房屋全部交给设计师来做，过程非常轻松顺利。

项目概况

地点：北京　　面积：113.6 m^2　　户型：三室一厅　　居住人口：3 人
收纳投影面积：37 m^2

委托人需求摘录

◎对厨房比较在意，要有嵌入式烤箱和蒸箱，嵌入式电冰箱可视情况而定，一定要有中岛台，需要 6 人餐桌，洗菜—切菜—烧菜这些动作要有一个方便操作的排序。

◎整个厨房和用餐区是家庭互动和活动的中心，希望可以有意思一些，整齐、明亮、现代化。

◎保留电视机，但不需要电视柜，需要投影仪，电视机悬空的话需要把线隐藏起来。

◎需要充足的收纳空间，做到隐形、分类且集中收纳，避免线路外露。

◎需要有集中的空间放洗衣机和烘干机。

◎卫生间需要各功能分离且光线明亮，不要做老式吊顶。

◎注意采光通风的问题，希望家里每个角落都有光、有温度。

设计思路

原始的三室房型对这个三口之家目前稍显浪费，其他空间的使用分配情况也不尽如人意，却想不出哪里出了问题。

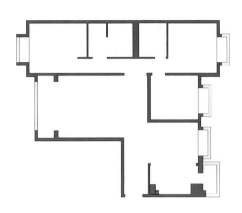

▲ 原始户型图

在改造过程中，设计师将原来的三居室拆解成了两居室，增设了家政间，去掉了音乐房和之前的阳台隔断，让空间的整体性更高。空间内部做了大范围的调整：入户处设计综合功能区，家政间也搬到了这里；房梁很低的位置做了曲线设计将其隐藏起来；去掉被当成仓库的音乐房等。

▲ 改造后平面布局图

设计空间 1　入户

好的设计，离不开好的功能分区的设置。动线和功能分区二者为互补关系，动线使分区的顺序和排列更加合理。

设计细节 1　合理的动线和功能区域划分

通过平面图可看出，从入户进门到家政区做了非常详细的功能区完善，达到了无尘入户的要求。

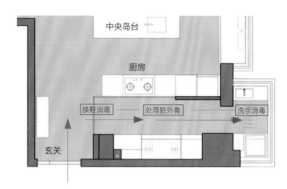

中央岛台

厨房

换鞋消毒　→　处理脏外套　→　洗手消毒

玄关

▲ 合理的动线安排能节省很多时间

设计细节 2　家具柜体选择

家具设计也是需要重点考量的部分，设计师对柜体内部的收纳方案也进行了详细的推敲并与动线相结合，以达到更好的使用目的。

◀玄关

设计细节 3 巧妙设计家政间

家政间设置在入户处，包含了洗衣机、烘干机以及吸尘器等清洁用品、用具。同时为无需每天清洗的外套和鞋子增设了收纳空间，方便一家人出入时更换衣服。

除收纳鞋子、外穿衣物外，该区域及其中的家具也兼顾着对从室外带到室内的物品清洁、处理和收纳的功能。因此"家政柜"设置也成为该区域设计的亮点之一，既能把清洁用具和房间主体隔离开，又能起到"统一管理"和"节省空间"的作用。以上设计点，是最终造就宽阔阳台和洁净卫生间的必然因素。

▲ 入户处鞋子收纳细节

🏠 设计空间 2 　客厅 + 阳台组合设计

之前的阳台隔断被拆除后，南阳台完全和客厅连接在了一起，用整体收纳柜把视觉延长，整个客厅看上去比以前大了很多。改造后的阳台除了拥有让人可以驻足的舒适空间外，还有专属的收纳空间，这样才能保证若干年后也保持设计之初的"清爽"，如果没有这些柜子给收纳做支撑的话，搬进去很快就会被"打回原形"。百叶窗的设计既能让光线投进室内，又不会过于强烈，非常温馨。

◀ 客厅 + 阳台的组合设计，在家也能轻松办公

阳台还可以是喝咖啡的餐吧，甚至是种菜区、直播间、拍摄区……用委托人自己的话说，阳台变成了一个拥有无限可能的空间。搭配委托人自己选择的轻量家具，此区域功能十分多变。

设计中去掉了原有的滑轨门窗，让阳台和客厅连接起来。好的房屋结构都应该是"依窗而建"的，因为充足的光线和流通的空气是家庭中很重要的两个方面。

▲ 在客厅阳台，也能打开新世界

▲ 采光对整屋设计有着十分重要的作用

阳台区域棚顶增设软膜天花，内含冷、暖两种光效，方便作为摄影师的委托人拍摄一些衣服和物品。

▲ 光照进来使整个空间十分通透，软膜天花的设计更是锦上添花

沙发的边侧是很实用的收纳空间。黑白组合的收纳柜，封闭的部分可以存放杂物，开放的部分可以摆放男主人搜集的唱片和书籍。

闲下来的时候，窝在沙发上一起读一本书，光线正好，温度适中，一切都刚刚好。

▲ 合理的收纳规划，保证客厅整洁美观

让灯光通过面部以外的介质如窗帘、墙体、软膜等进行漫反射，这样设计的目的，一是能够让空间内的光线更具美感和流动性，二是减少直接刺激，保护眼睛。

▶ 在房间的整体设计中，设计师去掉了特别明亮的主光源

⌂ 设计空间 3　厨房 + 餐厅

原有的音乐房被去掉后，餐厅和厨房的使用空间整体扩大了一倍，也让房子从视觉上显得非常通透。原木色家具和白色的柜体搭配，温馨得体。

▲ 空间格局经调整，带来更好的居住体验

大型的家用电器如电冰箱、洗碗机、蒸烤一体机等全部采用嵌入式设计,将电器通通隐形,美观的同时不占用过多的厨房空间,视觉效果干净整洁,使用面积更大,也提高了厨房的使用率。

▲ 隐形收纳是王道

因为委托人有收藏的爱好,所以设计师尽可能多地为他们定制了柜体。大量的收纳柜彻底解决储藏需求,有多少瓶瓶罐罐也不在话下。

小家电后方藏了一个嵌入式轨道插座,可以自由选择加入多少个插头,超级方便,不用的时候旋转一下即可断电。

▲ 小爱好装进大厨房

▲ 厨房内的贴心小细节

中式厨房油污较重，很少有人用玻璃做灶台的饰面。但长虹玻璃不仅看不出油污，还非常方便清洁，所以常常作为厨房灶台的饰面，还能被用在门上。

🏠 设计空间4　洗手间

老房子的格局中卫生间偏小，且都是承重墙，所以两个洗手间改动不大，在主卫做了干湿分离设计。为了让空间更舒畅，墙面全部用了最大尺寸的人造大理石，看上去特别规整且不需要美缝。地漏选择了长条款，大方美观并且下水快。

▲ 厨房灶台上的长虹玻璃是意外的惊喜

▲ 卫生间由于户型面积限制，做成干湿分离设计

盥洗台的镜面照明可随个人需要调节成不同的色调，满足多种需求。

▲ 镜面的设计让委托人每一天都光彩照人

设计空间 5　主卧

一道木作隐形门藏在卧室玄关处，与空间形成一个整体，推开门，卧室便出现在眼前。

▲ 能看出来这里还有一扇门吗？

微黄色的灯光烘托出每一个小角落，氛围感极佳。

▲ 夜幕降临，打开床头灯，享受夜晚的静谧与美好

主卧内，设计师先是做了一排大面积的壁挂式木白色收纳柜，又根据委托人个人生活习惯，在下方围绕墙体做了一组抽屉柜，日常用的小物件、书籍、茶杯等都可以放置在上面，抽屉里则放置些隐私物品，开放与隐私的界定控制得恰到好处。在柜子后方，还单独隔出一处衣帽间，有再多的衣服都不用担心没地方收纳！

▲ 用收纳柜实现收纳"收""放"自如

设计空间6 儿童房

考虑到小朋友未来的成长与学习，采用了有两层空间的书桌作为日后学习的书桌使用，现在可以在自己的小天地约小伙伴一起在桌上发挥想象写写画画，快乐加倍！儿童房与其他空间的色调一致，适宜的光线能起到一定的保护视力作用。

▲ 这间儿童房深受小朋友的喜爱，更引来不少小伙伴在这里玩耍，大家都对这个空间很满意

为了扩大小朋友的活动范围，在窗户位置做榻榻米设计，这里视线好、采光好，可以偶尔在此小憩，也可以看看窗外的风景。

▶ 夜幕降临，开窗处又是观景区，皓月当空，群星璀璨，意境十足

儿童房也有十分强大的收纳系统。开放格的收纳架子既可以
摆放小朋友的玩具，还能作为展示使用，小朋友的整理收纳
能力也慢慢培养起来了。

床头灯呵护小朋友安睡，
夜里不再孤单。

▲ 小朋友也被熏陶得开始形成良好的收纳习惯

▲ 床头灯保证小朋友夜晚安睡

一组小柜子和小型衣帽架的组合，再适合小朋友不过了。小型收纳柜可以放置些常看的儿童读物，随着小朋友的成长，未来还可以放置更多物品，起到补充收纳的作用。

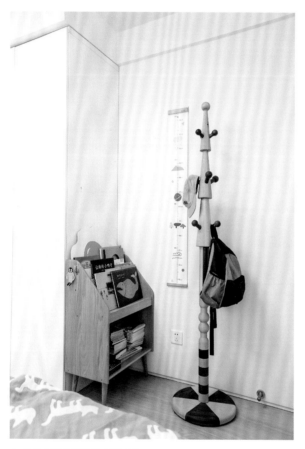

▲ 转角空间也是绝佳利用空间

 本案小结

室内设计并不只是空间装饰艺术的呈现，除了要考虑空间中的采光、通风，人与这个空间的关系才是最重要的，需要综合考虑过去拥有的、现在所需的，以及未来可能发生的，进行可持续设计，才是一个完整的室内设计。室内设计是设计也是规划，规划好了，设计自然就有了。

案例
09

倚林佳园项目

大不等于多，合理分配收纳空间

项目背景

本案例是一处有着上下层的叠拼别墅中间户，长条户型的空间有着 210 m² 的建筑面积。在这个共同生活六口人、人均面积并不充裕的空间内，如何做好全屋隐形收纳是十分重要的。本案例就是借助合理的规划设计，给委托人带来了更高品质的生活体验。

项目概况

地点：北京　　面积：210 m²　　户型：五室一厅　　居住人口：6 人
收纳投影面积：57 m²

委托人需求摘录

◎进门玄关面积不大，但希望利用合理，做一些柜子且有感应灯；玄关或进门后的位置有"一键全关"的开关，节省来回上下楼关灯的时间。

◎地下室的淋浴间可以改成储藏室加保姆房。

◎一层需要客厅、餐厅、厨房、老人房和卫生间；二层需要两个孩子分别的卧室和他们共用的卫生间，主卧空间需要衣帽间、卫生间，希望还能做出一间书房。

◎厨房和餐厅之间的隔断区域希望做个小型吧台，上面放个小杯架，摆放红酒杯等物品。

◎喜欢现代简约的、质感松软的家具，不喜欢过于有型且坚硬的，不需要皮质家具，希望全部采用木地板。

◎颜色倾向于大面积使用木色、白色及饱和度较低的颜色，可以用亮色进行点缀。

设计思路

在原始户型中，地下室采光较差，导致地下室阴暗潮湿，空间无法得到有效利用。在设计之初，委托人便提出，以前和女儿同住的保姆阿姨希望能有属于自己的空间，同时不影响委托人的居住体验。

在了解到保姆阿姨希望有独立休息空间的需求后，设计师将地下空间灵活运用起来。利用地下一层空间，规划出保姆房、储物间和家政区。

▲ 地下室平面布局图

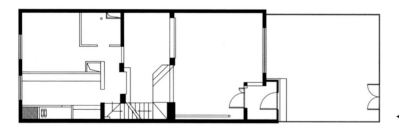

◀ 一层原始户型图

设计空间 1　一层开放空间

◀ 一层改造后平面布局图

设计细节 1 玄关

玄关，不仅是入户的必经之路，需要拥有丰富的收纳功能，保证长期居住的整洁性，还应具备承上启下的作用，自然过渡空间，有助于心情的转换。设计师在玄关区向内推进一部分，作为落尘区使用，在此完成无尘入户的动作。

▶ 玄关收纳

鞋柜可通过搁板调节，取放便捷，提高空间利用率，柜体内部感应带灯照亮每一处角落。

▶ 玄关收纳细节

设计细节 2　客厅

传统客厅区域以影音娱乐为主，用途单一。设计师摒弃传统客厅的用途划分模式，将客厅、餐厅、厨房三区合一，功能重新整合，打造出满足会客、娱乐、就餐等多功能需求的区域。

玄关及落地窗区域采用局部吊顶设计，这里面可藏了不少东西，各种空调线路、管线都藏在这里，在视觉感受上空间不仅得到了延伸，还形成半室外区域，从而让空间完成室内—半室内—室外的自然过渡。

▲ 能藏起管线的局部吊顶，实用又好看

结合委托人的要求，设计师将客厅窗户全都推到了客厅左侧，如此一来，委托人即使在屋内，拉开落地窗帘后，也能关注到孩子在户外花园的活动场景。

▲拉开窗帘，室外活动场景尽收眼底

穿过玄关，踏入室内，一组白色大衣柜完善收纳系统，内嵌式的钢琴架与收纳柜合二为一。柔软的长条形沙发带来足够的安全感，或躺或坐，十分舒适。沙发、地毯饰面均采用低对比度、低饱和度的黑灰色调，亲肤布艺更是质感十足，搭配白木色柜体，让空间更加自然。在沙发上招待远亲近友，一张沙发也能见证生活的温暖。

▲入户后第一眼看到的便是沙发，说沙发是客厅的"灵魂"一点都不夸张

电视背景墙也被设计师做了详细的层次划分：收纳区域的上层主要放置些不常用的东西；中层则是常用到的，可以随手拿取；底层次之。在电视背景墙中，不仅有电视机，还做了投影幕布。电视机符合家中老人观看习惯，因需调整方向，还能 180° 转动；投影仪则满足一家人的观影需求。

▲ 一整面电视背景墙的收纳

一根笔直的柱子将客餐厅区域简单划分，设计师在柱子底部设计了酒精壁炉，使客餐厅巧妙形成围绕感，空间能够串联在一起，亲情互动更加温馨。餐桌与岛台相结合设置，集西厨、酒水吧台等功能于一体，给委托人带来更好的烹饪体验。

▲ 餐厅与客厅的划分

在中厨入口外侧，设计师采用木质格栅替代传统墙体与楼梯相结合，以保证视觉的通透效果。

▲ 木质格栅与楼梯结合

在整体空间中，楼梯作为楼层之间过渡的通道，照明十分关键。楼梯台阶处设计一条条灯带，利用漫反射光源照亮台阶，避免直射光源刺痛眼睛，在自然柔和的光源下保证光照充足；选用白色调光源作为楼梯扶手的照明，将墙面与地面区分开来，让家人踏出的每一步都踏实安全。

▲ 楼梯台阶处的灯光设计

墙面是委托人上下楼梯时目光触及最多的地方，墙面装饰的好坏，也影响到整个空间的美感。在这里，设计师专门做了一面照片墙，用来记录和展示与家人的点点滴滴。

▲ 独特的扶手照明加上富有创意的照片墙，上下楼也可以观赏风景

设计细节 3　厨房

中厨平开推拉门采用长虹玻璃材质，透光而不透视，打造出隔而不断的雾面效果。当委托人在厨房精心准备美食时，能有效缓解空间的封闭压抑感，看似封闭实则开放，也让隐私问题随心意收放自如。

▲ 宽敞明亮的中厨操作区

中西厨内，充足的收纳柜让厨房中电器、管线、各种调料等都有了容身之所。吊柜下的手扫感应灯便于操作，为烹饪过程提供充足的照明。

▲ 有再多的瓶瓶罐罐都不怕

橱柜内高处的物品既不好放置又不便于取用，因此，设计师采用推弹式托盘和推拉式托盘，只需要一个推拉的动作便能快捷取物，且隐形收纳，还厨房一方整洁天地。

最大件的电冰箱嵌入柜体中，与墙柜完美结合，旁边搭配干货柜，放置不用冷藏或冷冻的食材。

▲ 橱柜细节满分

▲ 电冰箱与干货柜相结合

在西厨区可以放置咖啡机、榨汁机等小型电器，还可以在这里做些简单的轻食，起到了餐边柜的作用。

▶ 西厨旁的柜子一个作为零食柜，另一个作为运动器材收纳柜

设计细节 4　老人房

考虑到老人上下楼梯存在一定的安全隐患，设计师保留了原本一层的空间结构，作为次卧老人房使用。

▲ 一层做老人房，符合老人的生活习惯

设计细节 5　老人房卫生间

卫生间是老人重要的活动场所之一，也是存在较多安全隐患的区域。为了让家更安全，设计师首先对空间做了干湿分离的明卫设计，即使是在未开灯的状态下，浴室内也能一片光明。

▲ 卫生间的墙面没有直接顶到天花，而是留出一部分空间，便于光线照进卫生间

其次，卫生间的设计结合老人身高，在符合人体工程学的条件下设置安全扶手。借助安全扶手，尽最大可能减少危险发生的可能性，为日常生活带来更大便利。人体工程学在设计中有着不可比拟的作用，它直接影响着一个家的舒适程度，是设计师一定要考虑的问题之一。

潮湿的卫生间是细菌的温床，设置持续散热的暖气片和毛巾架便尤为重要了，干燥的环境和毛巾为健康"保驾护航"。

▲ 从老人的健康安全方面出发进行设计

▲ 暖气片和电热毛巾架的组合搭配也是十分贴心的设计

除此之外，在老人房外侧还设计了单独的卫生间，便于到访客人、保姆阿姨使用，实现公私区域明确划分。

🏠 设计空间 2　二层私人区域

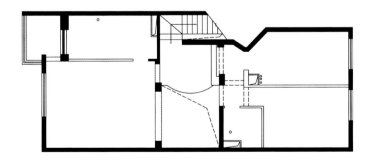

▲ 二层原始户型图

◀ 二层改造后平面布局图

设计细节 1　书房

通过挑空区域的设计，下层规划为客厅、餐厅等开放空间，上层则规划为卧室、书房等私密空间。书房作为办公场地，电源定是不可或缺的，在书桌桌面，通过集成电源避免了桌面线缠线的杂乱现象，书桌整洁有序。

▲ 移步二层即可看到书房

两层空间布局紧凑，功能明确，视线紧密连接，通过上下楼层的相互映衬，空间更具层次感和美感，让亲情互动更加紧密。

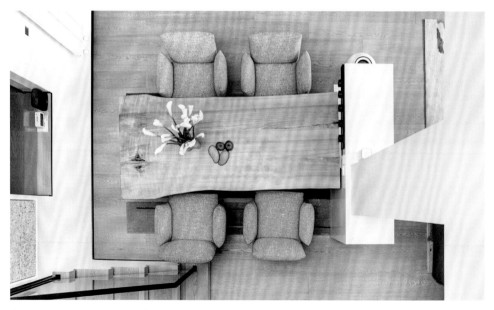

▲ 从二层书房区向下即可看到餐厅

设计师在二层挑空处还别出心裁地做了软膜天花光源处理，模拟自然光线，为空间提供充足的照明，光感更加透亮，营造出高级空间的仪式感，自然柔和的光源使人更加舒适。

▲ 二层挑空的软膜天花设计

设计细节 2　主卧

"日出而作，日落而息"的生活方式在快节奏的生活环境下早已成为过去，因此，作为让人摆脱劳累、休整身心、养精蓄锐的空间，卧室的设计也尤为重要。

▲ 书房连通主卧，委托人可通过主卧内门直达书房区域

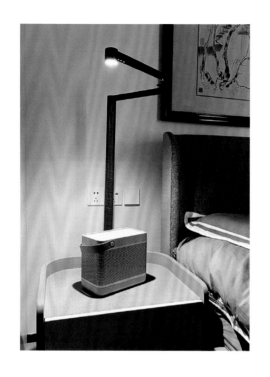

在床头放置阅读灯，整个空间好似泛起暖意，灯下品茗阅读或聊天追剧都是不错的选择。

◀漆黑的夜宛若被一颗"夜明珠"温柔地点亮

二层主次卧均放置一组木白色衣柜，与卧室整体风格相协调，不仅巧妙装饰了墙体，还尽显强大的空间收纳功能，给人以简洁明亮的视觉感受。因委托人个人喜好，业主调换了床头位置，住起来更舒适。

◀顶天立地大衣柜，避免柜顶落尘

▲ 干湿分离的主卧卫生间　　▲ 壁龛可放置洗浴用品

主卧卫生间采用干湿分离的形式，并且在盥洗区采用两个台盆、两个水龙头的设计，满足委托人在不同情况下的使用需求。

另外，淋浴间的主材选择也是一个很大的亮点：采用自研人造石的材料，最大程度做到墙上无缝隙，美观精致。

设计细节 3　儿童房

珊瑚粉与木白色完美结合，打造女孩专属的公主房，色调柔和平静，有益睡眠。

▲ 暖暖的粉红色女孩房

正对床头的位置做了开放格
和暗格，以便睡前随手放置
物品。

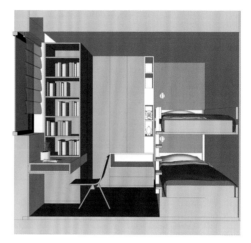

▲ 设置了丰富的储物系统

男孩房采用简约干净的黑白灰色调，与五彩斑斓的色调相较，现代简约的卧室风格更能提高专注度，减少注意力的分散。

▲ 精致简约的男孩房

对学生阶段的孩子来说，卧室是否具备足够的收纳是很关键的。内嵌开放式的收纳格放置常用书籍，查找、拿取书籍快捷省时，不常用到的可以放到上层收纳柜隐形收纳。衣物则可以通通收纳进衣柜中，让孩子在干净有序的环境中健康成长。

▲ 伴随成长的细节收纳之处

孩子们的房间根据性别分开设计，二层所有房间门上均有开孔，以便在进入房间前或有突发事件时注意到房间内是否有人，保证孩子们在有足够的隐私空间下健康成长。

▲ 儿童房门上开孔设计

孩子使用的卫生间，在考虑到面积受限、作息时间高度重叠、年龄相仿等因素后，采用两个台盆的设计，解决早高峰洗漱"打架"问题；采用干湿分离的设计，可满足同时使用的需求。在布局上，为了能在有限空间内放置两个水盆，设计师特意选择一款超小型水盆，出水口可随意调节高度并改变出水方式，更加人性化。

▲ 超小的水盆，孩子更喜欢

选用坐便器 + 小喷枪的形式，便于清洁打理。双纸巾盒的细节设计，不用因为纸巾缺失而担忧，从而减少心理焦虑感。

◀ 功能俱全又高颜值的卫生间

⌂ 设计空间3　地下室区域

为了让地下室透亮、温暖起来，在一层厨房靠窗位置做挑空设计，将室外光源引入地下室；为了避免厨房气味飘散到其他房间，厨房采用双层窗的设计。如此，同时解决了地下室、厨房的采光通风问题，一举两得。

▲ 采光一直是地下室的痛点

在保姆房内，设有单独的个人储物柜，以便阿姨存放个人用品；洗烘一体机也被收纳到了此处，烘干的衣物可直接晾晒在柜内的衣架上。设计师还在地下室设置了一组提升泵，洗衣产生的污水可直接通过提升泵传递到一层进行污水处理，方便省力。

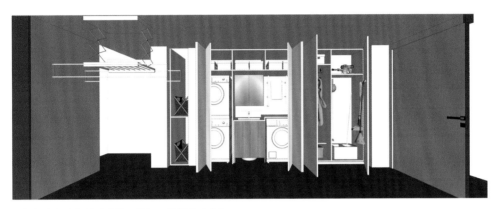

▲ 保姆房中还收纳了洗烘一体机，并附有晾衣架

洗烘一体机能同时满足委托人对洗烘衣物的要求，晾衣收纳系统是其"黄金搭档"，避免了空间浪费。

本案小结

本案例是非常具有代表性的项目，兼具了玄关、客厅、中西厨房、楼梯、书房、卫生间、主卧、儿童房、老人房和地下室空间的设计，空间完整且典型，希望能给大家带来设计思路和帮助。

◀集成的晾衣系统

第四部分

基于功能与设计交互的精细化设计

案例 10

上海融创壹号院项目

精装房大改造，软硬装相结合

项目背景

2016 年起，国家大力推进装配式建筑，精装房政策逐渐在各城市开始落地。但如此"精装"真的是广大委托人心目中的"家"吗？

众所周知，精装房满足了很多不愿经历设计、装修等繁杂过程的委托人的需求，但精装房并不是完美的，最明显的弊端便是标准化的设计不能满足人们个性化的需求。为追求更高品质的生活，为委托人带来更好的居住体验，设计师将硬软装设计服务合二为一，解决精装房无法满足个性化需求的难题，用柔软精致的设计编织坚实的体量，让家与众不同。

项目概况

地点：上海　　面积：82 m² 　　户型：三室一厅　　居住人口：3 人
收纳投影面积：17.4 m²

委托人需求摘录

◎原户型为精装房，装修效果普通、没个性。

◎缺乏家的温度，希望改造后更有烟火气。

◎喜欢温暖明亮的设计风格，清新有活力。

◎对软装产品要求较高，家具要轻盈耐用，最好是环保材质。

◎尽量避免线路外露问题。

◎注重私人空间，希望能设计合理的公私区域。

设计思路

本案的精装房交付后存在诸多问题：装修未达到委托人预期，设计风格千篇一律，采光通风效果差，玄关没有合理利用，缺少家政间，不能满足委托人生活需求，等等。要想越住越舒适，第一步该拆就得拆。

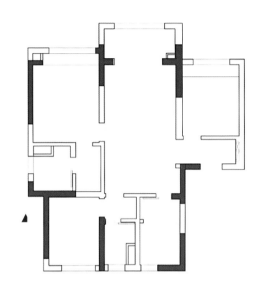

▲ 硬装改造前户型图

上海属亚热带季风气候，四季分明，夏季炎热，冬季阴冷。设计师根据对气候、通风采光以及晾晒操作便利度的分析，决定对部分墙体做削薄、拆除的处理，确定空间开窗的位置，保证室内最大程度的空气流通。

▲ 硬装改造后平面布局图

⌂ **设计空间 1** ▷ **入户**

想要做到无尘入户,玄关的设计是十分重要的。入户处自动感应灯带的关怀设计,让委托人推开门便能感受到设计给家带来的柔软与温馨。采用嵌入式悬空柜体,完善了玄关区域的储物功能;推弹式柜门让柜子整体做到隐形收纳,入目简洁又高端大气。

▲ 入户处设置收纳柜是十分必要的,以保证完成无尘入户动作

▲ 玄关储物收纳空间

推拉式鞋架设计让取放鞋子更便捷,挂衣区小小的感应灯照亮整个柜子。柜内换气孔使得柜体时刻保持通风干燥的状态。下方空间也被很好地利用起来,便于完成日常更换鞋子的动作。

设计空间 2　客餐厅一体化

客餐厅一体化的设计，进一步拉近家人之间的互动与沟通距离。

设计细节 1　舒适的软装设计

造型独特的灯具泛出温馨的暖色调光线，搭配宽敞的 L 形黑色沙发，与低调内敛的实木地板相结合，奠定了空间整体的沉稳高级基调，彰显个人品位。

▲ 闲暇之余躺在沙发上休闲娱乐，惬意至极

设计细节 2　电视柜

简约的色调搭配使得空间干净而清爽，壁挂式电视机将洁白墙面的轻盈感凸显得淋漓尽致，下方黑色收纳柜体与整个客厅空间色调协调，相得益彰。多个分隔的收纳抽屉能够将物品分门别类收纳其中。柜体台面上零星的点缀给极简的黑白色调带来一抹柔和之感，恰如细碎生活中透露着的点点温柔与美好。

▲ 电视柜的设计为整体空间带来了更多亮点

设计细节 3　墙壁转角收纳

转角处的隐形收纳区与墙体完美融合，为客厅提供更大的储物空间，以满足委托人一家的收纳需求。

▶ 入户连接客厅的拐角空间也被利用起来，毫厘必争

餐厅与客厅相连，长方形的餐桌可以满足一家人的用餐需求。

▲ 站在入户处看客厅、餐厅

设计细节 4　中西厨结合

中西厨房相结合，能够顺畅地完成从电冰箱或干货柜取出食材→粗加工→备菜→烹饪→出餐一系列动作，并将电冰箱内嵌，与干货柜组合搭配，有效节约了餐厅空间。

▲ 藏起来的电冰箱在空间内一点都不突兀

在中厨区，U形设计为厨房提供了充足的操作台面和收纳空间，还在上方设计了一组白色柜体，将净水器隐形收纳其中。

随着生活水平的提高，中厨不再能够完全满足人们的饮食需求，西厨随之出现。

▲ 能找到厨房中必备的净水器在哪儿吗？设计师将其藏在了柜子里

▲ 西厨水吧与中厨相连，赋予了空间更多的可能性

随需求选择厨房玻璃门内外开关方式，玻璃的透明材质让下厨不再封闭枯燥，随时都能与家人亲密互动。

▲ 厨房采用可内外旋转180°的平开门

上层放置咖啡豆、茶叶等，下层放置咖啡机，取用方便。中西厨相结合的设计点，体现出当代人生活方式的转变。

▲ 西厨水吧所占面积小，又能满足委托人所需，妙处多多

设计空间 3　主卧

设计师利用一个独立衣柜，将长条形主卧自然分割，形成独立的衣帽间、卫生间和休息区，不浪费一丝一毫空间。

▲ 主卧私密性十足，与客厅开放区域互不打扰

极简的手法与高级的色调融合，搭配床品上一抹灰色，为空间带来活力。床头两侧的柜子为摆放日常所需物品提供充足的空间。阳台采用榻榻米设计，洁白的窗纱与光影交织，影影绰绰，打造出一方温馨舒服的休憩小天地。

▲ 设计师将极简的设计手法发挥得淋漓尽致

独立衣帽间侧面空间当作收纳使用，细碎零散的物件都可以收纳其中。

▲ 小空间同样能辅助大卧室做好收纳

独立的衣帽间解决了整个主卧空间烦琐的收纳问题。当柜门开启时，感应灯自动亮起；柜门关闭时，感应灯随之熄灭。委托人无需再四处寻找柜体的照明开关，彻底解放双手。

▶ 衣帽间内设置感应灯

在柜体内部，根据不同的收纳需求将物品分类收纳其中。半透明的玻璃柜体搭配微黄色的灯光，仿佛镀了层金光，高端的品位展露无遗。

▶ 整洁有序的衣帽间

设计空间 5　主卧卫生间

主卧卫生间采用干湿分离的形式，既美观又安全，不会因浴室的水花四溅而担心滑倒，灵活的空间形式让各功能区在发挥作用时不会相互干扰。

设计师将梳妆台的功能集成到了盥洗室内，镜面嵌有的灯带色温任意切换，满足委托人的化妆需求。

▲ 镜面内嵌灯带，轻触即可切换不同的色温

▲ 卫生间干湿分离的设计深受委托人喜爱

▲ 不同色温的使用感觉不同

在台盆处，设计师还为委托人做了十分贴心的设计：通常台盆出水口设置在台盆中心部，但设计师一改大众风格，将出水口向台盆内侧移动，采用"弹跳下水器"的抬控装置控制储水与排水，功能性与美观度同步提升！

盆台下方空间与坐便器上方空间都被设计师规划利用了起来，为卫生间的收纳提供了强有力的保障。

▲ "弹跳下水器"——抬控装置让台盆与众不同

▲ 卫生间坐便器上方的收纳空间设计

⌂ **设计空间6　次卧**

次卧采用无主灯照明的方式照亮空间每个角落，办公桌同样采用无主灯设计，只需手轻轻一挥，手扫感应灯即可亮起。此外，顶天立地的大衣柜解决收纳难题。

▶小空间蕴藏了大功能

除了正面墙柜的收纳设计外，床下空间也被充分利用。抽屉式储物空间给次卧带来了更加强大的收纳功能。

▲床下是很好的收纳空间，却也是很容易被忽略的部分

设计空间 7　多功能房

"多功能房"，顾名思义，其作用必不是单一的。

▶你能发现洁白的墙面柜中，藏着哪些玄机吗？

设计师在多功能房采用内嵌式自动隐形床——墨菲床，搭配收纳柜辅助主卧的收纳使用，真正做到完美隐形。灵活方便的空间使用形式拓展了空间的使用范围，若长时间未使用，可省去经常打扫的麻烦，给委托人带来更便捷的居家生活体验。当墨菲床收起时，开阔的空间便由委托人自由发挥使用了。不论是在家健身、做瑜伽，抑或是学习、娱乐，都是首选之地。

▶ 当亲朋好友需要留宿时，多功能房和墨菲床的作用便显现了出来

盥洗室并没有设计在次卧和多功能房中，而是设置在了多功能房一侧。

▲ 采用三分离的设计形式补充次卧和公共区域对盥洗室的需求

在盥洗室内，设计师结合委托人的生活习惯，在符合人体工程学的前提下，设置了相应高度的镜柜，用以收纳常用的物品。设计壁挂坐便器与小喷枪相结合，便于清洁打理。

▲ 镜柜下方设置自动感应灯带，细节到位

 设计空间 8 **阳台**

本案例的阳台可不单单是大众广义理解下的阳台，它与客厅相连接，使得整体开放区域视线互通。阳台右侧区域被设计师打造成了独立的家政间，在这里，集合了洗衣、烘干、收纳清洁用品及脏衣等功能。电动遥控升降晾衣系统，解决晾晒问题，让家政活动变得高效简单。

一组洞洞板的设计让阳台另一侧整面墙都活了起来，日常所需的小物件通通悬挂收纳于此，它还可作为装饰墙面使用，一举两得。

▲ 墙面空间上的设计都没有漏掉

▲ 阳台与家政区互不相扰

本案小结 ✎

本案中，设计师致力于为委托人带来更好的居住体验，解决精装房无法满足个性需求的难题。将公共区域敞开设计，形成最大化的视觉交互，感受空间倍增的强烈视觉冲击；房门关闭，隐私天地即可形成，精装房的家也能做到与众不同。

项目背景

本项目的委托人是一对年轻的夫妻，多数时间都是夫妻二人居住，未来会有生育的计划。男主人曾长期在国外居住，女主人的时间相对自由，夫妻二人希望能有一个明亮、互动性强的生活空间。将设计融入高端的生活中，本案例的室内设计灵感应运而生。

项目概况

地点：北京   面积：157 m²   户型：三室一厅   居住人口：2 人
收纳投影面积：14.5 m²

委托人需求摘录

◎需要在玄关设计收纳空间，以便放置鞋、大衣、雨伞等物件。

◎除了需要规划出两个卧室——主卧和次卧以外，最好能规划出第三个卧室空间，虽然暂时不需要使用，但希望能灵活一些，以后根据需要敞开或关闭。

◎需要有较多的储物空间，这些空间尽量能隐藏起来，最好能达到取用方便且能够合理摆放物品的效果。

◎后期可能需要储存婴儿用品，最好有单独的空间来存放。

◎ 房间内无线网络信号较差，需要保证全屋 Wi-Fi 网络覆盖，床头和书桌旁需要设计方便手机等电子产品充电的插座。

◎希望家是整洁并且温馨的，希望能有自然、明亮、开阔的效果。

◎希望整体偏现代风，但同时可以兼具一些其他风格的元素，不至于那么呆板。

在原户型中，大量非承重墙框定了视线范围，对家人间的亲密互动很不利；空间划分不合理，男主人喜欢在客厅或餐厅办公，目前的状态很难满足这一需求。

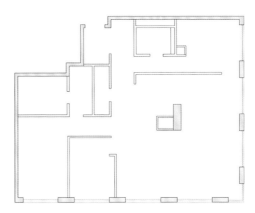

▲ 原始户型图

通过重新改造设计，几乎将所有的非承重墙都进行了拆除，起居室、客厅、餐厅、休闲运动区一字形动线更流畅，生活效率更高。

▲ 改造后平面布局图

设计空间 1 　玄关

通过拆除墙体，一个较为方正的大开间最终得以呈现出来。

设计细节 1 玄关

在玄关处放置了几组使用功能各不相同的柜子，柜体对面设置一组换鞋凳和墙面镜，既能避免换鞋时"金鸡独立"的现象，又方便出门时的穿搭整理。入户处除衣柜、鞋柜外，结合委托人的爱好和需求，专门放置了一组滑雪用具收纳柜。

▶ 玄关

设计细节 2 收纳间

由于户型大、面积宽敞，所以设计师在入户处单独设计了玄关和辅助空间——收纳间。

在本案例中，设计师为收纳间选择了白色墙面搭配同色隐藏门，空间视觉感受流畅细腻，并对内部进行明确分区，鞋柜、箱包区、杂物收纳区、洗烘一体机、家政柜和脏衣篓、家居服收纳区都集中在此。

▶ 收纳间的功能包容性非常强

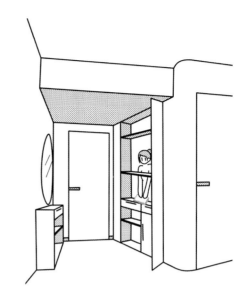

设计细节 3　双面柜

值得一提的是，玄关放置的柜体是双面柜，使家政区与生活区互相连通又互不相扰，用设计提高生活品质，从细微之处开始。

▲ 便捷的双面柜

设计空间 2　厨房

厨房设计成开放式，以西厨为主，作为整屋空间的中心，全屋的动线都与之关联。操作区将空间纵向延伸，满足厨房功能性的同时，还能满足委托人对生活品质的追求。扩大厨房岛台区域的占比，超长的操作台满足多人同时操作的需求，空间更加通透规整，模糊了厨房与客餐厅在空间和功能上的界限，可以在派对或者会客时轻松满足备餐的需要，体现一家人幸福生活的场景。

▲ 厨房与多个空间都有互动

现代社会，人们对于蒸烤箱、洗碗机、微波炉等电器的使用也日渐常态化，在满足现代生活需求的同时也提升了西厨的空间品质；一组电器收纳柜保证所有厨具与电器都无需放在台面上，空间整洁、实用。

◀完美隐藏电器的收纳柜

🏠 设计空间 3　客餐厅

客厅与餐厅是集体活动的重要场所，呈开放式布局，打破了传统功能分区。打掉独立空间的隔墙，将原本隔开的两个空间变得通透，增设出一个具有多种功能的区域，起居、餐厅、客厅、休闲运动区动线结合，融为一体，与其他区域还有互动。

由于处于南北朝向的方位，阳光能从 L 形的大落地窗均匀地射进来，使得整个空间视野变得更加开阔和通透。

客餐厅的空间色彩搭配整体以白色和灰色为基底，灯光则采用漫反射光源处理，丰富空间的照明氛围；地面铺设选材为木地板，选择清淡朴素的木色，营造自然舒适的感觉，好打理又显质感，软装的搭配上也能有更多选择。

▲ 通透的采光效果

客厅选择了弧形沙发，弯曲的线
条和饱满的形状，满足了宽敞舒
适的需求，同时搭配与沙发弧度
吻合的现代风格茶几，节省了一
定的空间。

▶ 委托人日常的主要活动都在客厅进
行，对于沙发的要求比较高

餐厅与起居区域相关联，方便起床之后就餐，所以相对其他空间来说稍微大一些。为了满足男主人偶尔在餐桌办公的需求，还在餐桌下方装置了地插座，既个性又别致。

▲餐厅位置与玄关处视野呈直视角

客厅与多功能室相连，当多功能房的360°旋转门打开时，便成为家人的共享领域，关闭时，独立的多功能房增加了隐私性，两者既能独立，又能互动。客厅和阳台的落地灯呈一个斜角，灯光渲染氛围，营造一个温馨的家。

▲ 在客厅一角还留出一部分活动空间，能放置瑜伽垫，全家都可在此锻炼身体

设计空间 4 客房＋客卫＋多功能房

在本案例中，客房与多功能房紧密联系在一起，而连接两个空间的门有至关重要的作用。

由于户型比较方正，设计师对这一空间用曲线线条设计进行打破再中和，增加视觉空间感。打开玄关推拉门时，多功能房、客厅、厨房三点一线，自然衔接；关闭时，则独当一面，互不干扰，至于中间的玻璃隔断，似隔未隔，虚实相生。在顶部设计软膜天花，在推拉门关闭的状态下补充照明。

▲ 通往客房与多功能室的弧形玄关推拉门，让空间转换自如

设计师在多功能房的门框上下设置滑轨，四扇可旋转挪动的推拉门能分别独立旋转使用，可因需开启或关闭任何一扇门，也可将门依次全部推到一侧，使用起来非常灵活。此处还可作为书房、休闲娱乐区、待客区使用，为家人与宾客友人提供相对纯粹的交谈空间。

▶ 用来连接或分割多功能房与客厅的360°推拉旋转门

最终呈现出的多功能房为一处独立空间，半开放的空间设计和客厅相连通，但这只是对未来转变设计的开始。

▶ 设计师对多功能房进行了未来转变设计

在儿童房的设计上，考虑到孩子各成长时期的特点，尽量做到房间能够一直转变功能使用。

婴儿时期：封闭婴儿房与客房相连通，便于家人在客房照看婴儿，陪护婴儿成长。

儿童时期：待孩子长大一些，儿童房连通娱乐区，娱乐区可封闭成独立空间。

青年时期：孩子上学以后，儿童房连通书房区域，学习时可封闭成独立空间，安静舒适。

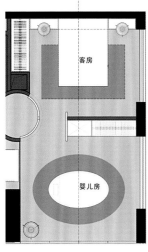

▲ 婴儿时期

▲ 儿童时期

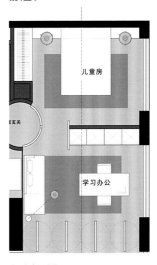

▲ 青年时期

客房中放置一张 1.5 m×2 m 的床，搭配一组大衣柜和两组床头柜，完善客房内整体收纳，还贴心放置了一组活动晾衣架，便于拆装，方便使用。衣物和提包可顺手挂在衣架上，方便又整齐；常穿的西服、衬衣，用衣架挂起，既保持平整，又易于取放。

▲ 客房效果图

客卫采用干湿分离的方式设计，满足公共区域使用者对卫生间的需求。死角、地面积水等是卫生间常存的问题，隐藏式地漏能够有效改善这些问题，排水快，有效缓解排水噪声和卫生死角等问题，且可以使地面保持平整，不会因为凸起而摔倒，降低发生危险情况的概率。

▶ 隐藏式地漏

设计空间 5　主卧 + 主卫 + 衣帽间

主卧以装饰墙为中心，两侧分别设计两个推拉门。

它除了是一面装饰墙，更是一个电子壁炉加湿器，平面上方可放置小物件作为陈列展示，美观又实用。

▲ 主卧功能强大，视觉统一

▲ 造型奇特的装饰墙

主卧右侧，将主卫三分离，并增设衣帽间，U 形衣橱设计方便收纳大量衣服、包，与卧室以玻璃相隔，采光充足。

原始户型中，主卫通风采光效果不佳，设计师将电熔雾化玻璃作为主卧与主卫的隔断，引主卧光线进入卫生间，暗卫变明卫。

▲ 主卧与卫生间相邻

▲ 三分离式卫生间与衣帽间结合

设计师摒除多余生硬的直线，在全屋漫反射的柔光色调中，通过光影、弧线映射出家的轮廓，串联起无死角视线，与家人无界互动，用设计改变生活，带来更好的生活体验。

中海央墅项目

打破联排别墅限制，还原诗意生活

项目背景

在安徽合肥有这样一对繁忙的小夫妻，丈夫长期处于高负荷工作中，偶尔得一空闲时间，能在相对独立安静的书房，来一杯香气袅袅的茗茶，便是忙碌生活中的幸福时光了。妻子在工作中是雷厉风行的白领，在家里只想与爱人待在一个大空间里，他品茗读书，她放松追剧，两人互不打扰却又心意相通。他们还有一个可爱的宝宝，有时会由双方父母过来照顾。夫妻二人希望通过设计，打造出梦想中的诗意生活。

项目概况

地点：合肥　　面积：278 m²　　户型：四室　　居住人口：7 人
收纳投影面积：49.4 m²

委托人需求摘录

◎因家里人口多，所以至少需要 5 间卧室，作为主卧、儿童房、两间老人房、客房使用。

◎需要设计一处相对封闭且独立安静的书房，可兼做茶室使用。

◎希望有一间影音娱乐室，可兼做会客室、家庭讨论室使用。

◎孩子的房间目前尚可满足需求，但希望儿童房能结合孩子的成长发展有针对性地设计。

◎希望在地下室为孩子设计出成长空间，现阶段以小朋友聚会、玩耍为主，入学后可以作为画室、琴房、演讲展示台使用。

◎计划养一只宠物，或猫或狗，希望有针对宠物的设计体现。

◎目前的楼梯位置影响整体空间布局，希望能对其重新设计。

设计思路

在原始户型结构概念图中可以发现，四层联排别墅空间开阔，但上下层之间视野盲区有很多，在不利于亲情互动的同时也存在很多安全隐患。

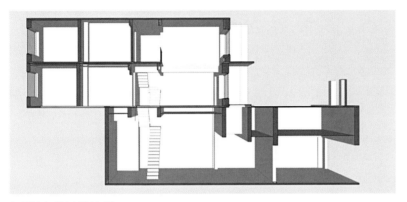

▲ 原始户型空间概念图

设计师在不打破原始基本结构的前提下，将四层空间串联起来，进行拆解重组，将独立的空间完美联动，达到人与住宅的巧妙融合。

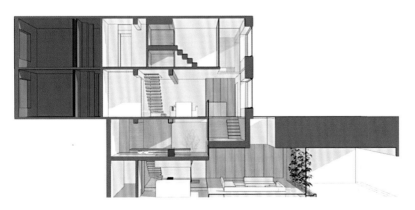

▲ 改造后户型概念图，通过光线的巧妙运用，把不可能变成现实

⌂ **设计空间 1** ▷ **入户**

结合委托人需求，设计师将这片区域进行详细规划。

开放格收纳柜满足玄关储物需求，从玄关步入室内，客厅视野开阔，一览无余，整个空间内家庭成员的互动尽收眼中。

操作台 - 洗手盆
马桶
花洒
酒柜
酒柜
吊柜 - 吧台凳 - 吧台
台面 - 水池
电冰箱
零食柜
衣柜
休息凳
床
楼梯
休息台
枯山水
收纳柜 - 沙发 - 茶几
沙发 - 电视机 - 收纳柜
台阶
入户门 - 玄关柜

▲ 平面详细规划布置图

▲ 玄关处的收纳必不可少

光的作用可想而知，由于玄关的采光有限，大面积的白色铺陈成为了必要元素，木白色更是首要之选。

▶ 将光引入室内，最大程度地提升室内亮度

设计空间 2　客厅

宽阔的客厅以"木"为构建元素，利用简洁利落的线条与白色墙面塑造出的简约风格，方正和谐，对称美与不同材质间的美妙交融，视觉效果极佳。

▲ 设计师对客厅结构重新划分，层次感十足

打开的天窗在为空间提供通风采光的同时，软膜天花起着补充照明的作用。以胡桃色的木质家具为主导，搭配色彩分明的软装饰，既能给人高品质感，又不缺乏家的温馨与舒适。向周围望去，白色铺陈和大片玻璃的运用，将整个空间的每个角落都清晰呈现，让人与住宅完美联动。

▲ "真假天窗"发挥着各自的作用

在客厅的一角，通过别具匠心的设计，为孩子打造了一个明亮的娱乐区域。

整体空旷的空间，通过"木"的温润力量，糅合成一个圆融、生动的世界，一点一滴无不透露出人居生活的秩序感和礼仪感。

▲ 小角落也能成为儿童娱乐的小天地

设计空间3 | 茶室+水吧+书房

设计细节1 重组空间布局

原始户型中地下空间并没有得到充分的利用，一道道墙体限制了空间变化的可能性。

改造后设计师将层层墙体去掉，规划出茶室、书房和额外的收纳空间，将空间利用到极致。

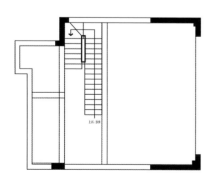

▲ 改造前地下一层户型图

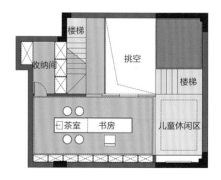

▲ 改造后地下一层平面布局图

设计细节 2 茶室 + 书房

将楼层地板下沉，委托人可以在读书品茶的同时，透过玻璃窗观察到生活中每一个温馨细节。

原木色与白色大片铺陈整个空间，看似寻常，内里却大有乾坤。充足的室内空间可以容纳多人在此品茶、会客，开放格柜体既能作为收纳柜使用，又可作为展示区摆放委托人喜欢的物件。木色、白色的自然点缀，营造出空间温暖的氛围感，桌上的茶具是点睛之笔，让整个空间自然灵动起来，也能满足委托人的情怀诉求。

▲ 温润的光线汇拢出静谧的私享空间

设计细节 3 水吧

低调的中式传统色彩与颇具现代感的装饰凳相结合，柔中带刚，走进来就能感受到主人对于生活品质的追求。

▲ 水吧整体色彩轻快明亮

设计空间4 餐厅

在设计师的精心设计下，餐厅不再只具有"吃饭"这一种功能，更成为一个具备文化交流功能的社交场所。

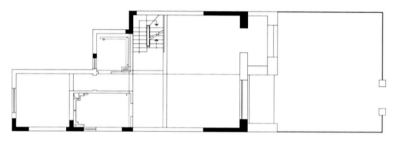

▲改造前一层户型图

经过调整后，中西厨与就餐区相接，扩大就餐时的视野，为家人互动提供了便利。岛台与餐桌相接，补充餐桌就餐空间，为餐厅带来更多可能。

▲改造后一层平面布局图

就餐区，大片浅色的原木材质铺叠，原木色的餐桌与时尚前卫的餐椅相映成趣，带来浓郁的生活气息。

▶可容纳多人的就餐空间

设计空间 5 休息区

通过划分空间，完善整体空间结构，设计出主卧、儿童房、老人房三处休息区。

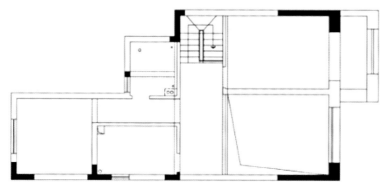

▲ 改造前二层户型图

根据休息区的划分，规划出相对应的卫生间。出于对老人和儿童的安全考虑，设计出三分离式卫生间，为家人安全保驾护航。

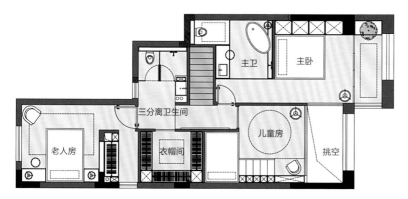

▲ 改造后二层平面布局图

设计细节 1　主卧

通过玻璃隔挡，卫生间、床、花园空间虽然实际上是分开的，但视觉上却具有连贯的效果。每天委托人起床就能看到身边美丽的花园，感受生活里的诗情画意。

▲ 大面积使用玻璃材质，带来意想不到的通透效果

主卧采用无主灯、暗藏灯带的照明手法，天窗投射出的暖色光源为委托人带来柔和的睡眠氛围。

考虑到整体通透的视觉效果，设计师选用防水木材做了贯穿空间的地台，整体干净大气。床边的绿植与实木材质相融相生，使得主卧具有春天的气息与东方的韵味。

▲ 悬浮的木材板层与整体空间层次更加分明

▲ 一个充满生活气息的梦中空间

设计细节 2 儿童房

儿童房采用简洁的上下层设计形式，木质栅栏隔断不仅美观，也能给孩子带来心理上的安全感，下层可作为孩子玩耍空间，也能用来储物。

虽没有绚丽的色彩加身，可爱的摇椅便使房间充满生气，半面墙的手绘黑板可以让孩子在不知不觉中受到知识的熏陶。

▲ 柔和的光线为儿童房增加温馨感和安全感

设计细节 3 老人房

床头开放格为老人随手置物提供了便利；上方空间灯光的设置使得整体空间明亮通透；木质床架搭配柔软的浅色床品，弱化了木材的硬朗，凸显了家的温馨舒适。

▲ 淡雅纯粹的老人房休息区

 本案小结

对于本案例的设计，朴素之美并非形式，而是对生活品质的追求。去繁就简，才能让居住更有质量；亲近自然，才能让生活更有情趣；抒发情绪，才能让自我得以实现；意蕴悠长的设计构思，才能赋予生活更多的诗情画意。

案例
13

新通国际项目

小户型的宠物之家该怎么住？

项目背景

在北京这座繁忙的都市打拼，哪怕拥有一套小户型，也变得非常奢侈。在重重机遇和压力的影响下，"打工人""独居""宠物"这些词竟自发产生了联系。宠物也不再是家的附属品，仅仅需要食盆和小窝，而是一起生活的家庭成员。当有宠物的家庭遇上小户型，在设计上需要更多地考虑宠物和主人日常相处的各种场景。这个项目该如何设计才能让委托人和他的宠物住得下、住得干净、住得舒服呢？

项目概况

地点：北京　面积：72 m² 　户型：两室一厅　居住人口：2 人　宠物：3 只柴犬　收纳投影面积：55 m²

委托人需求摘录

◎整个房间空间宽敞、光线充足，因紧邻地铁，要求南向房间窗户隔声效果要好些。

◎杂物没有足够空间放置，目前东西多在茶几、电视柜上和厨房里，希望装修后整个空间足够宽敞，目光所及之处东西少、易清洁，同时希望能有展示柜放置乐高模型。

◎希望采用投影方式观看影视节目，节约空间且便于打扫卫生。

◎需要有方便的充电设施并且电线不能外露，客厅、厨房、卧室、书房等常待的地方都需要。

◎颜色偏好自然明亮的，比如高级灰中的暖灰色、米色、原木色，不太能接受深色系的装饰和家具（可以接受少量的画或者装饰，用了提亮整体空间）。

设计思路

原始户型玄关面积不大，储物空间不能满足生活所需；3只柴犬没有专属的清洁空间以便日常擦洗；卫生间空间不大，没有干湿分离；储物空间严重不足。

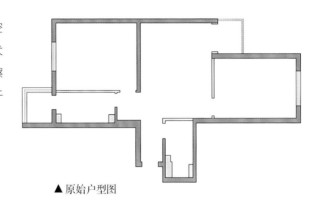

▲ 原始户型图

对于此次新家的改造，夫妻二人希望在视觉不太拥挤的前提下拥有更多的储物空间，3只宠物的玩耍空间也尽量宽敞，客厅需足够两人看电影和放松休闲，卧室只需做好隔声、隔光，保证良好的睡眠。针对这些需求，设计师更多的创意点是在家具、颜色的选择上，通过灵活小巧的家具和能放大空间效果的颜色把家"放大"。

▲ 改造后平面布局图

🏠 设计空间 1　客餐厅一体区是主要活动区

设计细节 1　小体量家具

考虑到宠物需要无障碍的空间进行活动，所以客厅没有采用传统的茶几，而是用一张轻盈的边几来辅助置物需求，随用随挪。客厅使用大面积的白色和木质色调，局部再用灰色点缀，内敛简洁，开放通透，与周边空间更好地衔接。

▲ 体量小的家具减少了空间占用面积，腾出了更多活动空间

为了能有更多与宠物互动的空间，在保证满足委托人就餐需求的条件下，客厅区尽量缩小了餐桌使用面积，没有因为空间上的局促而影响生活的精致。

设计细节 2　小空间大作用

客厅的立面空间也不能浪费，整个墙面沿用了玄关柜体的风格，大面积的白色铺陈，简洁大方，尽头设圆弧形开放格，可做展示架使用，视觉上比尖锐的直角造型更柔和，并且下方正好放置扫地机器人。小小的空间，承载了休闲、娱乐的需求，丝毫也不显得拥挤。

▲ 暖色系搭配让家更温馨

▲ 委托人一家正在跟 3 只可爱的柴犬互动

设计细节 3　影院级视觉观影享受

基于委托人对视听的需求，沙发正对面的白墙没有放电视机，而是打造了绝佳的观影区域，大面积的幕布投放毫无压力，结合后方的灯带环境，营造出了错落有致的层次感。夜晚，拉上百叶帘，客厅秒成电影院，享受美好生活，从这一刻开始！

▲ 在家也能享受影院级观影体验

设计细节 4　短暂休憩好去处

客厅露台一侧的飘窗，打破了空间局限，可用作临时的休憩场所，搭配咖啡和书籍，能安静享受整个下午的静谧时光。

▶露台采光充足，是短暂休憩的好地方

设计空间 2　玄关

玄关走廊作为室内的动线之一，也是收纳物品十分困难的区域。原始户型没有在这里做任何规划，造成了极大的浪费。设计师在一侧做了通顶隐形收纳柜体，依次储存运动鞋和宠物常用的物品，整体效果更加简洁；另一侧规划了超大穿衣镜与整面洞洞板，不仅方便了收纳，目之所及，更是显得干净整洁。冰箱贴则是委托人所收集的旅游纪念品的展示，有了它们，空间色彩不再单一，趣味十足。

▲ 玄关走廊是极易被浪费掉的空间

靠近门的位置安装穿衣镜，便于检查出门前的衣着，也让空间视觉大大拉伸；穿衣镜后方内嵌灯带，轻松辅助空间照明；洞洞板下方安装折叠换鞋凳，方便进门后换鞋，可完成无尘入户，收起时节约空间。

▲ 设计师为原本的玄关增添了更多功能性设计

设计空间 3 厨房

改造前的厨房是家中收纳的"重灾区"，改造后，厨房的每一寸空间都得到了合理利用。上下收纳柜体，将厨具和大件用品按照使用频率分门别类放置，最大程度地释放了台面的操作空间。台面从左到右，依次进行洗、切、煎、炒等操作，动线设计十分流畅。厨房的一端连接小阳台，让厨房的采光效果更好。整体色调选择了灰色并搭配不锈钢材质，更显整洁雅致。

▲ 一字形设计让下厨动线更简洁

设计空间 4 卫生间

原户型的卫生间是暗卫，白天进去必须开灯。门为普通平开门，使用面积狭窄，改造后使用折叠门，实现空间的灵活分隔和独立。

◀ 卫生间三分离设计，独立坐便区

洗手台一侧的淋浴区也是一大亮点。使用电子雾化玻璃作为与客厅的隔断，既保证空间的通透效果，又能缓解因过于透亮造成的尴尬。主墙面材质为仿水泥砖，采用壁龛的形式收纳洗漱用品，尽享私人区域的惬意与舒适。

把洗手台从卫生间"拖"出来，不仅真正实现了干湿分离，还优化了日常的需求，有效提高空间利用率。

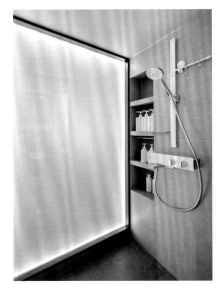

▲ 私密又舒适的淋浴区

▲ 被"拖"出来的洗手台

设计师在卫生间改造中为柴犬专门设计了这个"小板凳"。3 只柴犬出门回到家后，清洗和擦脚可在这里进行，两大一小，统统擦洗干净，一只不落！

◀ 3 只柴犬的专属清洁区

设计空间 5　多功能室

为了最大化释放空间，尽可能地给宠物留出更开阔的活动区域，拆除了次卧与客厅的隔墙，原本的次卧位置被改造成了多功能室，整屋南北方向更加通透，居住感受更加舒适。

为了使储存空间充裕，又不会过于杂乱，最好的办法是定制整墙的储物柜。利用立面空间分别部署了工作区、展示柜与水吧台，空间属性也因此变得丰富起来。透明玻璃柜可收纳乐高玩具，收纳物品的同时还可起到展示的作用；白色通顶柜体和下方抽屉储存不常用的物品，中间的开放格放置日常的小装饰。

▲ 储物柜解决杂乱烦琐的收纳问题

靠近窗户的位置，打造了一个榻榻米床，而且为了取用方便，下方采用3个拉屉的设计，两边柜子的收纳量也很大，大件不常用的物品整理好储放到柜子里，既美观又实用。

▶ 最大化释放空间，让委托人和柴犬有更宽敞的娱乐活动场所

这里的木作柜子是都可以打开的，大件物品如换季棉衣、棉被通通收纳在此。

▶ 强大的收纳系统

为确保办公桌桌面整洁、视线清晰，在桌面上方设置开放格和收纳柜，抬手即可取用，有效提高工作效率。

▶ 与榻榻米相邻的墙面空间，被打造成专属的办公区

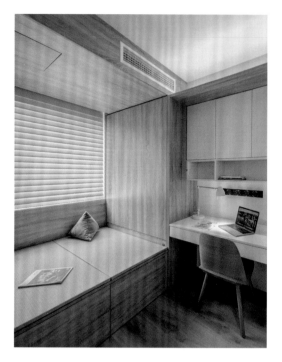

客厅和多功能室之间还设计了一个抽拉置物架，拿取零食更加方便，便于整理。

▶ 整体抽拉式置物架

设计空间 6　卧室

对于卧室空间，设计师结合整屋实际情况专门做了地面抬高处理。衣柜上方设置 3D 风口空调，一般中央空调出风口都是格栅状的，风口方向需要手动调节，而这种 3D 风口可以通过控制器实现上下左右调节，将气流均匀打散送至房间每个角落，并可智能监测人员位置，不会对着人直吹。嵌入式箱体床的设计，为卧室带来更多的收纳空间，加上整面墙的白色衣柜，居家衣物得以妥善保存，空间简洁有序。

▲ 木白色相搭配，灯光氛围给人宁静舒适之感

由于委托人对声音和光线比较敏感，卧室窗户选用百叶帘，自由控光，能够保证良好的睡眠和休息环境。室内同时采用漫反射灯带，丰富了空间的照明层次。

▲ 床头小体量茶几正好可供委托人放置手机、书籍、杂志等小物件

卧室门口正对的墙面也做了收纳柜，左侧为挂衣区，方便进出换衣，右侧专门用来收纳当季正在穿的鞋子。整洁有序的收纳也是精致生活一部分的体现。这个小小的家，承载了休闲、娱乐的需求，丝毫不显得拥挤，两位主人与3只宠物，其乐融融。

▲ 充足的收纳空间，多少双鞋子都能装下

本案小结

家是内心世界的呈现，宠物也是家中一员，这就需要设计师在设计过程中不仅考虑人的舒适感受，还要兼顾宠物需求。宠物的存在也是对设计师的一种考验，希望本案例的设计思路能给更多有宠物的家庭带来启发。